Carl Glasl

Exkursionsbuch

Anleitung alle Körper der drei Naturreiche zu sammeln, zuzubereiten, in Sammlungen aufzustellen und zu erhalten

Carl Glasl

Exkursionsbuch

Anleitung alle Körper der drei Naturreiche zu sammeln, zuzubereiten, in Sammlungen aufzustellen und zu erhalten

ISBN/EAN: 9783957007735

Auflage: 1

Erscheinungsjahr: 2016

Erscheinungsort: Norderstedt, Deutschland

Hergestellt in Europa, USA, Kanada, Australien, Japan
Verlag der Wissenschaften in Hansebooks GmbH, Norderstedt

Excursionsbuch

oder

Anleitung

alle Körper der drei Naturreiche zu sammeln,

zuzubereiten,

in Sammlungen aufzustellen und zu erhalten

nebst einer

systematischen Uebersicht der drei Naturreiche

als Hilfsbuch für Lehrende und Lernende

von

Carl Glasl

WIEN, 1863.

Wilhelm Braumüller

k. k. Hofbuchhändler.

Vorrede.

Schon im Studienjahre 1854/55 erschien in dem Programme der k. k. Ober-Realschule am Schottenfelde von mir ein Aufsatz: „Ueber das Anlegen von Naturaliensammlungen als Hilfsmittel bei dem Unterrichte in der Naturgeschichte in der Realschule," welcher so allgemeinen Beifall fand, dass das betreffende Programm bald vergriffen war. Später erschienen in der Zeitschrift für Realschulen auf einander folgend von mir die Aufsätze: „Ueber das Abbilden der Fische" und „Ueber die Anfertigung von Schmetterlings-Abdrücken," welche ebenfalls mit vielem Beifalle aufgenommen wurden, was mich bewog, die in allen genannten Aufsätzen enthaltenen Vorschriften und Erfahrungen mit vielen Zusätzen bereichert und mit einer systematischen Uebersicht der drei Naturreiche vermehrt, in einem eigenen Heft herauszugeben. Möge diese Arbeit ebenfalls so vielen Beifall finden, als die früheren, und möge dieses Werkchen zunächst dem Lehrenden ein willkommenes Nachschlagebuch, den Lernenden aber ein angenehmes Unterhaltungsbuch sein, welches geeignet ist, die Liebe zur Natur und den Geschöpfen, und dadurch die Liebe und Verehrung des Schöpfers zu befördern, und so zur Veredlung unserer Jugend beizutragen.

Obwohl nicht leicht Jemand die Gelegenheit hat, Sammlungen von Thieren aus den vier ersten Klassen anzulegen, so wird es doch nicht leicht wieder einen jungen Menschen geben, welcher mit dem Studium der Naturgeschichte nicht zugleich das Anlegen einer Käfer- oder Schmetterlingssammlung, oder eines Herbariums verbindet. Wie oft wurden in früherer Zeit Käfer und Schmetterlinge, welche man Sammlungen einverleiben wollte, lebend an Nadeln gespiesst und so langsam zu Tode gemartert, was bei manchen Käfergattungen 8—14 Tage dauerte. Wie schnell können jedoch diese Thiere nach den in diesem Buche angegebenen Methoden getödtet werden, ohne erst leiden zu müssen, und wie viel leichter lassen sich die so schnell getödteten Thiere in eine bestimmte Stellung bringen, die sie dann auch behalten, indem sie schneller austrocknen.

Damit aber auch das Werk für Jeden, er möge von Naturalien sammeln, was er wolle, als Leitfaden beim Ordnen des Gesammelten dienen kann, so ist noch ausser der Angabe über die Aufstellung und Aufbewahrung der verschiedenen Naturalien eine systematische Uebersicht der drei Klassen der Naturkörper beigefügt.

Möge das Werk nur einiger Maassen den beabsichtigten Nutzen stiften, dann sieht sich hinreichend belohnt

der **Verfasser**.

Inhalt.

	Seite
Vorrede.	
Einleitung	1
Werkzeuge und Instrumente	5
Präpariren der Säugethiere	6
Reinigen befleckter Bälge	9
Ausbesserung von Löchern und Rissen	9
Aufstellen grösserer Säugethiere	9
Aufstellen kleinerer Säugethiere	14
Einsetzen der Augen	16
Formen der Zunge und anderer Fleischtheile	17
Abbalgen der Vögel	19
Ausstopfen der Bälge	22
Verfahren, wenn die Haut nicht über den Kopf des Vogels gezogen werden kann	23
Aufstellen der Vögel gleich nach dem Abbalgen	24
Aufstellen schon fertiger Bälge	28
Ersetzen fleischiger Auswüchse	30
Ausbesserung verletzter Schnäbel, Füsse etc.	31
Bereitung der Arsenikseife	31
Anfertigung der Skelete	32
Bleichen der Skelete	33
Ausstopfen der Schildkröten	33
Bereitung der Eidechsen	34
Bereitung der Frösche und Kröten	35
Bereitung der Schlangen	35
Präpariren der Amphibien in Präparationslack	36
Abbalgen und Ausstopfen der Fische	38
Weisser Glanzfirniss für die Naturalien	39
Abgiessen der Fische	40
Abbildungen der Fische aus Gips	44
Abbildungen der Fische aus Steinmasse	45

	Seite
Abbildungen der Fische aus Papiermasse	45
Abbildungen der Fische auf galvanischem Wege	47
Instrumente zum Fangen der Insecten	48
Aufsuchen und Fangen der Käfer	48
Aufstellen der Käfer	50
Einrichtung der Kästen für Käfersammlungen	51
Fangen der Schmetterlinge	52
Fangen der Raupen und Puppen	54
Behandlung der Puppen	55
Erziehen der Raupen	55
Ausspannen der Schmetterlinge	57
Ordnen und Aufbewahren der Schmetterlinge	59
Zubereitung der Eier für Sammlungen	60
Zubereitung der Raupen für Sammlungen	60
Abdrücken der Schmetterlinge	62
Fang und Zubereitung der Immen	66
Fang und Zubereitung der Fliegen	67
Fang und Zubereitung der Netz-, Gerad- und Halbflügler	68
Fang und Zubereitung der Arachniden	69
Fang und Zubereitung der Crustaceen	71
Fang und Zubereitung der Würmer	72
Aufsuchen der Eingeweidewürmer	73
Fang und Zubereitung der Schleimthiere	74
Infusorien	76
Sammeln der Pflanzen	77
Einlegen der Pflanzen	81
Pflanzenpresse ohne Schraube	83
Sammeln der Mineralien	86
Formatisiren	87
Aufstellen der Mineralien	87
Erhaltung der Sammlungen	89
Besondere Regeln, welche zu beobachten	90
Ausbessern von Vögeln, welche durch Insectenfrass oder auf andere Weise beschädigt sind	91
Ausbesserung von solchen Säugethieren	93
Ausbesserung von Amphibien und Fischen	94
Ausfüllen der Gläser bei den in Spiritus aufbewahrten Thieren	95
Ausbessern der wirbellosen Thiere	96
Ausbessern zerbrochener Muscheln	97
Ausbessern von Insecten angefressener wirbelloser Thiere	98

	Seite
Ausbessern der in Stücken zerbrochenen Thiere	98
Oeligwerden der Schmetterlinge	98
Oxydiren der Stecknadeln	99
Schmetterlinge und andere Insecten, welche eine schlechte Stellung haben	99
Vergilbte Chonchylien	99
Feucht gewordene und bestaubte Herbarien	100
Zerbrochene Pflanzen	101
Verwitterte, zerbrochene und bestaubte Mineralien	101
Uebersicht der Thiere	102
Uebersicht der Pflanzen nach Linné	112
Uebersicht der Pflanzen nach dem verbesserten Decandolle'schen System	117
Uebersicht der Mineralien nach Zippe	119

Einleitung.

Es bedarf wohl hier nicht vieler Worte, um den grossen und mannigfaltigen Nutzen, welchen das Studium der Naturgeschichte dem Menschen überhaupt, insbesondere aber der Jugend gewährt, darzuthun. Durch die Kenntniss der Erde und der auf ihr vorkommenden Geschöpfe werden wir den ewigen und unendlichen Urheber derselben, Gott, näher gebracht, und lernen ihn als den gütigsten Vater kennen, der selbst der geringsten seiner Geschöpfe nicht vergisst, sondern von Anbeginn ihrer Schöpfung für sie Sorge getragen hat, und hätte die Naturgeschichte keinen anderen Nutzen für uns als diesen, so wäre der allein schon hinreichend zu ihrer Erlernung aufzumuntern. Aber sie gewährt uns noch viele andere Vortheile, und die Fortschritte und das Blühen des Handels und der Industrie sind von ihrer Kenntniss abhängig.

Wenn aber die Anschauung bei Erlernung irgend eines Gegenstandes von Nutzen ist, so ist sie in der Naturgeschichte unentbehrlich. Diese Anschauung kann eine zweifache sein; entweder die des wirklichen Gegenstandes, oder einer Abbildung desselben.

Dass die erstere der letzteren immer vorzuziehen ist, wird wohl Niemand bezweifeln, ja noch mehr, sie kann in manchen Fällen nicht durch die letztere ersetzt werden, wie dieses namentlich in der Mineralogie der Fall ist. Eher kann man sich noch in der Zoologie und Botanik mit guten Abbildungen begnügen. Der Lehrer der Naturgeschichte wird aber keine Gelegenheit, die sich ihm bietet, versäumen, die wirklichen Gegenstände vor die Augen seiner Schüler zu bringen. Häufig wird er Gelegenheit haben sich Thiere, Pflanzen oder Mineralien zu verschaffen, welche beim naturgeschichtlichen Unterrichte mit grossem Nutzen verwendet werden können. Aber alle diese Gegenstände könnte er nur einmal benützen, wenn er dieselben nicht in einer Sammlung aufbewahrt. Bevor sich aber diese Dinge zur Aufbewahrung eignen, müssen sie früher auf eine eigene Art zubereitet werden, welche Zubereitung nach Art des Gegenstandes verschieden ist.

Es ist wahr, dass dieses Zubereiten viel Zeit in Anspruch nimmt, und dass der Lehrer deren ohnehin so wenig entbehren kann; aber wenn er seinen Sammlungen auch nur manchesmal einige Stunden widmet, wenn er auch nur in grösseren Zwischenräumen manchmal ein Thier oder eine Pflanze oder ein Mineral denselben einzuverleiben vermag, so werden dieselben sich doch nach und nach vergrössern, und ist einmal der Anfang gemacht, so werden sich oft Freunde der Jugend und des Unterrichtes finden, welche mit Vergnügen ihr Schärflein beitragen.

In den folgenden Zeilen soll nun nicht nur mit möglichster Kürze gezeigt werden, wie die Gegenstände der drei Naturreiche gesammelt, zubereitet und aufbewahrt werden, damit sie bei dem Unterrichte in der Naturgeschichte benützt werden können, sondern wie überhaupt naturhistorische Sammlungen anzulegen und zu erhalten sind. Es wird daher bei den einzelnen Naturkörpern über das Verfahren bei deren Sammeln dann über deren Zubereitung und endlich über ihre Aufbewahrung und Erhaltung, so wie über die Behandlung von schadhaft gewordenen Gegenständen gesprochen werden.

THIERE.

A. Wirbelthiere.

So verschieden die einzelnen Klassen der Thiere sind, so verschieden ist auch die Weise sie zu sammeln und zu präpariren. Wir wollen nun bei jeder einzelnen Klasse die Art des Fanges und der Zubereitung näher betrachten. Man wird wohl selten Gelegenheit haben, selbst Thiere der höheren Ordnungen zu sammeln, daher wir bei diesen nur von der Zubereitung derselben sprechen wollen. Dieselbe geschieht durch das Abbälgen und Ausstopfen.

Das Ausstopfen und Aufstellen derselben in einer Sammlung wird aber, wenn es durch Geldmittel bezweckt werden soll, viel zu hoch kommen, in den meisten Fällen die Kräfte Einzelner oder einer Lehranstalt übersteigen. Es soll nun in dem nachfolgenden Aufsatze gezeigt werden, auf welche Art es einem Lehrer der Naturgeschichte bei einem verhältnissmässig geringen Opfer an Zeit und Mühe möglich wird, solche Thiere in dem möglichst kleinsten Raume und mit dem geringsten Aufwande zu sammeln und aufzubewahren.

Da vollkommen ausgestopfte und aufgestellte Exemplare einen zu grossen Raum erfordern, das Aufstellen aber auch zu viel Mühe erfordert, als dass man diese Opfer von Demjenigen fordern könnte, welcher den Unterricht in der Zoologie ertheilt, da derselbe ferner auch nicht immer die Geschicklichkeit besitzt, Thiere auf diese Weise zu präpariren, und da es ferner genügt, die Thiere in einer solchen Form zu haben, wie sie todt erscheinen, so genügt es auch eine Sammlung solcher Bälge zu haben, wie sie von Naturforschern bereitet werden, welche fremde Länder bereisen und dabei Sammlungen anstellen. Die Bereitung solcher Bälge erfordert einen viel geringeren Zeitaufwand als das vollständige Ausstopfen und Aufstellen der Thiere, man kann in einem verhältnissmässig sehr kleinen Raume eine grosse Zahl von Thieren aufbewahren und man kann endlich, wenn die Umstände es erlauben, auch nach Jahren noch solche Bälge vollständig präpariren und aufstellen. Bei einer nicht zu grossen Schülerzahl kann man sie auch den Schülern zur besseren Beschauung in die Hände geben. Der Vollständigkeit wegen und damit auch Jene, welche Zeit und Lust haben, Thiere vollständig auszustopfen, hier sich Raths erholen können, soll auch hierzu die Anleitung bei den verschiedenen Abtheilungen der Thiere folgen.

Die Werkzeuge und Instrumente, deren man bei der im Folgenden beschriebenen Bearbeitung der Thiere bedarf, sind: eine anatomische Scheere mit gekrümmter, und eine mit gerader Schneide, einige Scalpelle (Messer) von verschiedener Stärke, eine nicht zu schwache Pinzette, zwei verschiedene Knochenschaber und einige Nähnadeln mit stärkerem und schwächerem ungebleichtem Zwirne. Zum vollständigen Ausstopfen aber bedarf man noch des ausgeglühten Eisendrahtes von verschiedener Stärke, Bohrer, der Dicke des Drahtes entsprechend, eines Hammers, einer Beiss-, einer Schneid- und zwei Spitzzangen, verschiedener Drahtstiften, Stecknadeln und Abschnitte von starkem Papiere, so wie Brettchen und Holzkrückchen von verschiedener Grösse.

Dass man einen Vorrath von Ausstopf-Materiale nämlich von Werg u. a. haben muss, versteht sich von selbst. Auch die künstlichen Augen gehören zu den Erfordernissen.

Säugethiere.

Von den Säugethieren kann man nur einige der kleineren Arten sammeln, da die übrigen einen weit grösseren Raum zur Aufbewahrung erfordern würden, als man zu diesem Zwecke zur Verfügung hat.

Hat man nun ein für die Sammlung geeignetes Säugethier, so muss man darauf sehen, dass es wenigstens einige Stunden bereits getödtet ist, bevor man ihm die Haut abstreift, weil sonst das Blut leicht ausfliessen und den Balg beschmutzen könnte. Damit man durch die Steifigkeit der Gliedmassen am Arbeiten nicht gehindert ist, so beginnt man damit, dass man dieselben hin- und wiederbiegt, um sie geschmeidig zu machen. Man lege dann das Thier auf den Rücken vor sich, dass der Kopf gegen die linke Hand zu liegen kommt, theile die Haare in der Mitte der Brust und des Bauches sorgfältig auseinander, und führe dann mittelst eines Scalpels in gerader Linie einen Schnitt, welcher in der Mitte der Brust zwischen den Vorderbeinen beginnt, und zwischen den Hinterbeinen endet. Dabei muss man sich sehr in Acht nehmen, dass dieser Schnitt auf dem Bauche nicht tiefer als nöthig ist eindringt, weil sonst die Eingeweide heraustreten, und die Arbeit nur erschweren würden. Hierauf zieht man die Hautränder des Schnittes auseinander, und bestreut dieselben mit sehr feinen Sägespänen, oder in Ermanglung derselben mit Gyps. Dieses Bestreuen geschieht auch während des Abbalgens, um alles Fett und Blut aufzusaugen.

Das Abstreifen der Haut geschieht dadurch, dass man einen der beiden Hautränder entweder mit einer Pincette oder den Fingern fasst, und die Haut mit Hilfe des Scalpelstieles ablöset. Ist man bis zu dem Hinterschenkel gelangt, so sucht man denselben ebenfalls so weit als möglich abzustreifen und schneidet dann das zwischen dem Schenkelknochen und dem Schienbeine befindliche Kniegelenke durch, so dass der Fuss von dem genannten Gelenke abwärts an der Haut verbleibt. Nachdem man auf der andern Seite auf gleiche Weise verfahren und mit dem Abstreifen bis zu dem Darmkanale gekommen ist, bindet man denselben mittelst eines Fadens fest zu, damit bei dem Durchschneiden, welches unterhalb der zugebundenen Stelle geschieht, die Excremente desselben nicht ausfliessen. Das Abstreifen des Schweifes verursacht besonders, wenn derselbe lang oder stark behaart ist, einige Schwierigkeiten, wie z. B. bei Mardern, Iltisen. Ist man damit fertig, so geht man zum Abstreifen des Vordertheiles über, wobei die Füsse an dem Ellbogengelenke durchschnitten werden, worauf man zum Abbalgen des Halses übergeht. Kommt man bis an den Kopf, so muss man besonders darauf achten, die in der Ohrhöhle befindliche Haut, ohne sie zu verletzen, herauszuziehen, ferner muss auch darauf gesehen werden, dass die Augenlieder beim Lostrennen derselben von den Schädelknochen unversehrt bleiben. Man setzt das Abstreifen der Haut bis an die Nasenspitze fort, trennt sodann mittelst eines Schnittes den Kopf von dem Rumpfe dergestalt, dass das Hinterhauptloch durch diesen Schnitt behufs der Entfernung des Gehirnes erweitert wird.

Da man aber häufig bei Säugethieren die Köpfe behufs der Skeletirung benutzen kann oder will, so streift man in diesem Falle den Kopf, welcher nicht beschädigt sein darf, gänzlich ab, ohne ihn zu verletzen und trennt ihn dann so vom Rumpfe, dass ein oder zwei Halswirbel noch an demselben bleiben. Benützt man den Kopf nicht zum Skeletiren, so wird derselbe, nachdem man das Gehirn entleert, die Augen ausgehoben und durch Kugeln von geschnittenem Werg ersetzt, alle übrigen Muskeln und Fetttheile aber entfernt und die stärkeren ebenfalls durch Werg ersetzt hat, in die Haut wieder zurückgezogen, nachdem man diese früher mit einer guten Lage Präservativ versehen hat. Sodann reinigt man noch sämmtliche an der Haut hängenden Fussknochen von den daran befindlichen Fleischtheilen und umwickelt dieselben, um die entfernten Muskeln zu ersetzen, mit Werg, überzieht die Haut mit einer guten Lage Präservativ, dessen Bereitung bei den Vögeln gezeigt wird, und streift sie wieder über die Füsse zurück. Der Hals und Rumpf werden beide durch einen künstlichen Körper ersetzt, der aus Werg gewickelt ist, und dem bei grösseren Thieren auch Moos oder Heu als Grundlage dienen kann. Hat man die Kopfknochen behufs des Skeletirens entfernt, so müssen sie durch einen künstlichen Kopf ersetzt werden, welchen man aus Kork oder einer leichten Holzgattung sehr leicht formt und an die Stelle des natürlichen Kopfes bringt. In diesem Falle wird die Mundöffnung vor dem Ausstopfen des Kopfes vollständig zugenäht.

Man fasse sodann das Thier bei den Vorderfüssen, so dass der Körper mit dem Kopfe nach oben in eine verticale Lage kommt, bringe die Haare in Ordnung und gebe den verschiedenen Körpertheilen durch Auflockern mittelst einer langen Heftnadel oder durch Zusammendrücken die gehörige Form, worauf man den Balg an einem, an die beiden Vorderfüsse befestigten oder durch die Schnauze gezogenen Faden an einem trockenen, schattigen und luftigen Orte zum Trocknen aufhängt.

War ein Theil der Haare durch Fett oder Blut befleckt, so müssen diese Flecken nach dem Abbalgen, und zwar noch vor dem Ausstopfen der Haut entfernt werden. Blutflecken werden einfach durch Waschen mit reinem Wasser, Fettflecken aber durch Waschen mit Seife entfernt, wobei man darauf sehen muss, dass die nasse Stelle mit Hilfe des Gipses, feiner Sägespäne oder mit kleinen Stückchen Fliesspapieres getrocknet wird, worauf erst das Ausstopfen folgt.

Das Abtrocknen geschieht, indem man die nasse Stelle mit einem der genannten Stoffe belegt, die Feuchtigkeit einsaugen lässt, die dadurch sich bildende Kruste entfernt, und auf diese Weise so lange fortfährt, bis die Stelle trocken ist. Wenn man sich beim Waschen warmen Wassers bedient, so gelingt die Reinigung schneller und besser, indem sich das eingetrocknete Blut besser entfernen lässt. Es versteht sich wohl von selbst, dass man den zu reinigenden Fleck nach dem Waschen so lange mit reinem Wasser abspühlt, als das abfliessende Wasser noch gefärbt erscheint und dann erst zum Trocknen schreitet. Bei den Vögeln geschieht das Reinigen der befleckten Federn auf gleiche Weise. Die grösste Mühe verursachen die durch Vogelleim entstandenen Flecke, welche man zuerst mit Fett einreibt, um dieses mit dem Leim zu mengen, und zur Entfernung mit der Seife geeignet zu machen.

Löcher oder Risse, welche bei dem Abbalgen in die Haut gemacht wurden, müssen ebenfalls vor dem Ausstopfen und bevor man die Haut noch mit Präservativ überzieht, zugenäht werden. Bei kurzhaarigen Thieren erfordert diese Arbeit mehr Sorgfalt als bei langhaarigen, bei welchen letzteren sich sehr leicht ein Schnitt oder Riss in der Haut mittelst einiger weiter Stiche verbergen lässt.

Aufstellen der Säugethiere. Grosse Säugethiere werden häufig nicht ausgestopft, sondern es wird der Körper des Thieres vom Bildhauer geformt, und dann die Haut, welche man einige Tage in Alaunwasser liegen lässt, und dann auf der Fleischseite mit Arsenikseife bestreicht, mit feinen Drahtstiften auf den Holzkörper genagelt.

Da diese Art des Präparirens sehr kostspielig ist, so soll hier eine weit billigere gezeigt werden.

Man muss unterscheiden, ob ein noch frisches Thier, oder eine schon ausgetrocknete Haut aufgestellt werden soll. Ist es ein noch frisches Thier, so legt man dasselbe vor dem Abhäuten auf den Boden des Arbeitszimmers, und bringt es so weit es möglich ist in die Stellung, welche es beim Ausstopfen bekommen soll. Nach dieser Stellung macht man sich auch auf dem Fussboden mit Bleistift oder besser mit Kreide die Umrisse, welches sehr leicht geschehen kann, und misst ferner die Länge und den Umfang des Halses, des Körpers und der Schenkel. Nun wird ein zur Grösse des Thieres passendes Brett genommen und die vier Punkte daran bezeichnet, welche die Füsse des Thieres berühren würden, wenn es darauf stände. Hierauf wird das Abbalgen vorgenommen, wobei aber drei Schnitte gemacht werden, und zwar einer von der Mitte der Unterlippe bis zum After und zwei darauf senkrechte an der inneren Seite der Füsse bis zu den Zehen laufende.

Der rechte Schnitt darf die Unterlippe nicht zertheilen, sondern fängt zwei bis drei Zoll von derselben an. Das Abbalgen geht auf diese Weise leichter vor sich, da man nur vorsichtig die Haut vom Körper zu trennen braucht, wobei man das Durchschneiden des Kniegelenkes erspart, und nur die Zehen mit ihrer Bekleidung an der Haut lässt.

Der Kopf wird ganz abgezogen und bleibt vorläufig bei dem Körper des Thieres.

Die Haut wird nun von allen daran befindlichen Fett- und Fleischtheilen befreit, von den daran vorkommenden Blut- und anderen Flecken gereiniget, an der Fleischseite mit Arsenikseife bestrichen und ausgebreitet bei Seite gelegt, dass dieser Anstrich übertrocknen kann.

Nun trennt man den Kopf von dem Cadaver und skeletirt ihn, um ihn bei der Aufstellung zu benützen, oder man formt ein Holzstück, wozu man eine recht leichte Holzgattung wählt, nach demselben, wenn man das Kopfskelet nicht in das ausgestopfte Thier geben, sondern neben demselben aufstellen will.

Hat das Thier Hörner oder Geweihe, so wird bei dem Abbalgen die Haut bis an diese abgestreift, und dann werden sie zwischen Knochen und Haut mittelst einer guten Laubsäge abgeschnitten, so dass sie an der Haut bleiben. Das Formen des Kopfes aus Holz nach dem abgebalgten Kopfe ist nicht schwer, da er nur roh ausgearbeitet zu sein braucht, wobei man an der Stelle der Augen Löcher macht, welche dann mit geschnittenem Werge ausgefüllt werden. Die nun folgende Arbeit ist nun ganz gleich, ob das Thier frisch abgebalgt wurde, oder ob man ein schon durch längere Zeit getrocknetes Fell vor sich hat. Will man nämlich ein schon trockenes Fell zurichten, so macht man die oben beim Abbalgen beschriebenen Schnitte, wenn sie nicht schon vorhanden sein sollten, und giebt das Fell in Alaunwasser (3 Pfund gebrannten Alaun auf 1 Eimer Wasser) in welchem man dasselbe einen, zwei bis drei Tage liegen lässt, bis es vollständig erweicht ist. Bei einem solchen Balge muss man nun die oben bemerkten vier Punkte auf dem Brette möglichst richtig zu bestimmen suchen, da von diesen Punkten das Gelingen der Arbeit abhängt. Das gut erweichte Fell wird, nachdem man das Alaunwasser ablaufen liess, so wie eine frische Haut, mit Arsenikseife bestrichen und bei Seite gelegt.

Nun nimmt man vier Drahtstücke von angemessener Stärke, deren Länge ungefähr von der Wirbelsäule des zu bearbeitenden Thieres bis zu den Zehen reicht, bohrt an den vier auf den oben erwähnten Brette bezeichneten Punkten Löcher mit einem Bohrer, der etwas schwächer als der Draht ist, und steckt den letzteren in dieselben. Diese vier Drähte sind für die Füsse bestimmt, daher man ihnen an den Stellen, an welchen die Gelenke kommen, die entsprechende Biegung gibt. Nun formt man aus Werg, Heu und Moos mit Hilfe von Bindfaden einen Körper, der dem des aufzustellenden Thieres entspricht, steckt denselben auf die vier Drähte, dass dieselben ein gutes Stück in den Körper hineinragen, und dieser letztere fest aufsitzt. Auch muss darauf gesehen werden, dass die Drähte die den Füssen entsprechende Länge haben. Nun nimmt man einen anderen, etwas schwächeren Draht, welchen man $2\frac{1}{2}$ mal die Länge des Halses gibt. Diesen Draht steckt man rückwärts vom Stirnbein mitten durch das Skelet des Kopfes, oder durch das dasselbe ersetzende Holz bis zur Hälfte durch, biegt dann die beiden Enden zusammen, und dreht nun die beiden Drahtstücke vom Kopfe an bis an das Ende zusammen, wobei man darauf sehen muss, dass der Kopf recht fest gehalten wird. Das Ende dieses so zusammengedrehten Drahtes steckt man nun in den früher geformten Körper und zwar an der geeigneten Stelle und so tief, dass derselbe die Länge des Halses hat. Man gibt ihm nun auch die gehörige Biegung, und umwickelt ihn mit Werg und Heu, so dass der Hals die gehörige Dicke bekommt. Hat man das Kopfskelet angebracht, so müssen an demselben ebenfalls die von demselben entfernten Muskeln durch Werg ersetzt werden.

Auf gleiche Weise muss man nun auch bei den vier Füssen verfahren. Um die Musculatur gehörig nachzubilden, bedient man sich eines Bindfadens, welchen man mittelst einer langen Heftnadel dort, wo Eindrücke und Vertiefungen sein sollen, durchzieht. Auf diese Weise wird das Thier ganz gebildet, so dass es dem abgezogenen Cadaver gleich sieht, wobei man vorzüglich darauf achten muss, dass das Ganze gehörig fest wird.

Ist man mit dieser Arbeit fertig, so legt man das Fell darüber, richtet es so, dass jeder Theil an die gehörige Stelle kommt, und näht schliesslich die gemachten Schnitte mit feinem starken Spagat zusammen. Während dieser letzten Arbeit muss man vorzüglich darauf sehen, dass die Haut nicht verzogen wird, und dass man an jenen Stellen, wo es etwa noch nöthig wäre Moos oder zerschnittenes Werg nachstopft. Sind alle Nähte gemacht, so sieht man nochmals, dass die Haut überall gehörig anliegt, und kann auch hier wieder, wenn es nöthig ist, Hefte mit der Schnur machen, um die Musculatur hervortreten zu lassen. Schiesslich werden noch die Haare mittelst Bürste und Kamm in Ordnung gebracht, das in den Augenhöhlen enthaltene Werg aufgelockert und die Oeffnung schön gerundet, und entweder gleich die künstlichen Augen eingesetzt, oder dieses auch auf später aufgehoben.

Etwa vorkommende Geweihe und Hörner müssen auch in die richtige Lage gebracht, und in derselben während des Trocknens erhalten werden.

Auf die eben beschriebene Art werden Thiere von der Grösse eines Rehes und darüber ausgearbeitet. Bei einiger Fertigkeit wird man sie so schön machen, als ob der Kern von dem Bildhauer angefertigt wäre.

Fig 1.

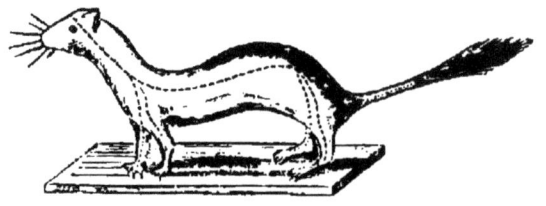

Ausgestopftes Hermelin, in welchem die punktirten Linien die sechs zum Drahtgerüste nöthigen Drähte anzeigen.

Kleinere Säugethiere werden anders behandelt, wie dieses in dem Folgenden gezeigt werden soll.

Hat man von einem solchen Thiere einen bereits ausgetrockneten Balg, so wird derselbe, ohne die Schnitte an den Füssen zu machen und ohne Erweiterung des Einschnittes auf der Brust, in das oben angegebene Alaunwasser gegeben, worin er bis zur vollständigen Erweichung bleibt. Hat man aber ein frisches Thier, so zieht man dasselbe auf die beim Abbalgen der Säugethiere angegebene Art ab, indem man den Einschnitt von dem Brustbein bis gegen den After führt, und im Uebrigen ganz, wie es schon früher beschrieben wurde, verfährt.

Bei dem Balge bleibt der Kopf, welcher skeletirt wird, oder man kann ihn ebenfalls durch einen hölzernen ersetzen.

Nachdem die Haut vollständig gereiniget und mit Arsenikseife überstrichen wurde, bereitet man sich sechs Drähte (*Fig. 1*) und zwar zwei für die Vorder-, zwei für die Hinterfüsse und von der doppelten Länge der Füsse. Für Thiere in der Grösse einer Katze werden diese Drähte ungefähr so stark, wie ein schwacher Gänsekiel genommen. Das eine Ende wird mittelst einer Feile zugespitzt. Einen fünften, beinahe um die Hälfte schwächeren Draht nimmt man von der doppelten Körperlänge und zwar von der Schnauze bis zum After gerechnet, und der sechste Draht, mit dem Körperdraht von gleicher Stärke, erhält die Länge von der Mitte des Bauches, bis an das Ende des Schweifes. Dieser letztere Draht wird auch an einem Ende zugespitzt.

Der Körperdraht wird nun bis zur Mitte durch das Kopfskelet oder durch das, das Skelet ersetzende Holzstück gesteckt, zusammengebogen und zusammengedreht, die am Kopfe fehlenden Fleischtheile durch Werg ersetzt, das den Hals bildende Drahtstück ebenfalls in der entsprechenden Dicke mit Werg umwickelt. Hierauf wird die Haut, welche bisher umgekehrt war, über den Kopf und den Hals gezogen und gehörig angepasst. Dann steckt man die vier Fussdrähte und zwar von den Zehen nach oben ein. Die beiden Drähte der Vorderfüsse werden mit dem Körperdraht so verbunden, dass der Hals die gehörige Länge behält und die Fussdrähte vom Körperdrahte senkrecht abstehen. Auf gleiche Weise werden die Drähte in die Hinterfüsse eingeführt und mit dem Körperdrahte vor dessen Ende verbunden. An diesen letzteren wird auch der Schwanzdraht befestiget, welchen man, bevor er bis an die Spitze des Schwanzes eingeführt wird, gut mit Arsenikseife bestreicht.

Ist nun auf diese Weise das ganze Drahtgerüste welches nöthig ist, fertig, so stopft man mit freier Hand oder mittelst eines Stabes oder einer Pincette zerschnittenes und unzerschnittenes Werg so in den Balg, dass alle Theile gehörig ausgefüllt werden. Ist genug hineingestopft, so wird die Haut zugenäht. Je kürzer die Haare des Thieres sind, welches man ausstopft, desto genauer muss die Naht gemacht werden. Nun sucht man durch Biegen, Drücken etc. dem Thiere die gehörige Form zu geben. Um dasselbe aufstellen zu können, nimmt man ein Brett von entsprechender Grösse, bohrt an die vier Stellen, an welchen die Füsse bei gehöriger Stellung dasselbe berühren, Löcher, steckt durch diese die Enden der Fussdrähte, zieht sie so stark an, dass die Füsse selbst das Brett berühren und biegt sie so um, dass sie an das Brett anliegen. Nun stellt man das Thier mit dem Brette hin, und fährt fort ihm die gehörige Stellung zu geben. Zu stark zusammengedrückte Stellen lockert man mit Hilfe der Heftnadel, welche man an solchen Stellen hineinsticht, wobei man sucht, das Ausstopf-Materiale aufzulockern; schliesslich werden noch die Augen gerundet, eingesetzt und in Ordnung gebracht. Damit die Ohren sich nicht verziehen, oder eine unnatürliche Form annehmen, so sucht man sie während des Trocknens mittelst starker Papierstücke, die man durch Stecknadeln oder Heften mit einer Nähnadel festhält, in ihrer Lage zu erhalten.

Ist das Thier gut ausgetrocknet, so kommt es auf ein gehörig zugerichtetes Brett, auf welches es dadurch befestiget wird, dass die Drähte auf der Unterseite des Brettes umgebogen und mittelst des Hammers in dasselbe eingetrieben werden.

Das Einsetzen der Augen kann entweder gleich nach Vollendung des Ausstopfens oder nach dem Austrocknen des Thieres geschehen. Dieses letztere ist das Gewöhnlichere. Werden die Augen nicht gleich eingesetzt, so lockert man das in den Augenhöhlen enthaltene zerschnittene Werg mittelst der Pincette und rundet die Oeffnung der Augenlieder gehörig ab, weil sonst das spätere Einsetzen der Augen nicht so gut gelingen würde. Werden die Augen gleich eingesetzt, so geschieht die bemerkte Auflockerung ebenfalls, dann bringt man auf das Werg etwas arabisches Gummi, das dick genug sein muss, um gut zu kleben, hebt dann mittelst der Pincette das obere Augenlied etwas in die Höhe, schiebt das Auge in der richtigen Lage etwas unter dasselbe, hebt dann das untere Augenlied ebenfalls und schiebt nun mittelst einer durch das obere Augenlied gestochenen Nadel das Auge so weit herab, dass es auch von dem unteren Liede gehalten wird. Nun muss man durch Drücken und besonders mit Hilfe der Pincette und der Nadel das Auge und die Lieder in die gehörige Lage zu bringen suchen. Vorzüglich muss darauf gesehen werden, dass der Ausdruck bei beiden gleich ist, weil sonst das Thier schielend erscheint.

Ist das Thier gut ausgetrocknet, und man will die Augen einsetzen, so müssen früher die Augenlieder erweicht werden, indem man je nach der Grösse des Thieres 24 bis 48 Stunden vor dem Einsetzen einen Theil des in den Augenhöhlen enthaltenen Werges mittelst der Pincette entfernt, und dafür angefeuchtetes Werg hineingibt, welches aber mehr sein muss als das herausgenommene, so dass ein Theil desselben herausreicht. Sollte dieses angefeuchtete Werg eher austrocknen, bevor die Augenlieder erweicht werden, so bringt man vorsichtig einige Tropfen Wasser darauf. Beim Einsetzen der Augen entfernt man zuerst das nasse Werg, gibt wieder so viel als zur gänzlichen Ausfüllung nöthig ist trocknes geschnittenes Werg hinein und verfährt dann im Uebrigen ganz so, wie oben gezeigt wurde. Die Anfertigung der Augen wird im Folgenden beschrieben werden.

Manchesmal werden die Thiere mit geöffnetem Rachen dargestellt, so dass man die Zunge und andere Fleischtheile wahrnimmt. Da diese Fleischtheile entfernt werden, so muss man sie künstlich aus Wachs nachbilden. Nachdem man den Kopf abgebalgt hat, schneidet man die Zunge aus und formt sie in Gyps ab, ganz ähnlich wie dieses bei dem Abformen der Fische gezeigt wird. In die noch feuchte Gypsform kann man dann geschmolzenes Wachs giessen, welches entweder ungefärbt ist, oder durch beigemengte Mineralfarben die richtige Färbung erhalten hat. Ist das Wachs ungefärbt, so müssen dann die nachgeformten Theile durch Bemalen mit Wasser- oder Oeldeckfarben das natürliche Aussehen erhalten. Das Zahnfleisch und die übrigen, nicht durch Abformen in Gyps zu erzeugenden Theile werden aus Wachs mittelst eines Modellierholzes geformt. Es wird, damit man ungehindert fort arbeiten kann, das zu benützende Wachs in ein Gefäss mit warmen (nicht heissem) Wasser gelegt, wodurch es so weich wird, dass es sich leicht kneten lässt. Hat man das Wachs tüchtig durchgeknetet, so trägt man dasselbe in einzelnen Partien an den gehörigen Stellen auf, vertheilt und formt es mittelst des Modellierholzes, und bemalt es zuletzt, wenn das Wachs noch nicht gefärbt war. Schliesslich bringt man noch die künstliche Zunge an ihren Platz. Es versteht sich wohl von selbst, dass der Kopf, an welchem eine solche Arbeit vorgenommen wird, zuerst vollkommen ausgetrocknet sein muss, weil sonst das Wachs nicht haften würde. Um Wachs zu färben, lässt man es bei gelinder Wärme zergehen, und rührt, wenn es schon ganz flüssig ist, die Hälfte des Wachsgewichtes Terpentinöl hinzu, wobei man sogleich von weiterem Erwärmen aufhört. Nun mengt man noch Bleiweiss, Menning, Zinnober, Ultramarin, Berlinerblau oder Kienruss der Mischung bei, je nachdem man eine Färbung zu erhalten wünscht. Es versteht sich wohl von selbst, dass man die Mischung recht durch arbeiten muss, bis die Färbung ganz gleichförmig wird, und dass man zu mancher Färbung mehrere der genannten Farben bedarf. So z. B. für das Zahnfleisch Bleiweiss und Zinnober. Dieses gefärbte Wachs wird auch bei Vögeln angewendet, indem auch bei diesen Fleischtheile vorkommen, welche sich am besten künstlich aus Wachs nachformen lassen, wie die Kopfauswüchse bei den Hühnern, welche sich zwar auch trocknen lassen, aber dann kein so schönes Ansehen haben als die aus Wachs nachgebildeten.

Vögel.

Man lege den Vogel, nachdem man ihm den Schnabel mit etwas Werg zugestopft und die Oberarmknochen (*humerus*) der beiden Flügel ungefähr in ihrer Mitte zerbrochen hat, was bei kleinen Vögeln leicht mittelst der Finger, bei grösseren aber mit Hilfe einer Zange geschieht, so auf den Rücken, dass man den Kopf zur linken, den Schwanz zur rechten Hand liegen hat, theile mit dem Zeigefinger und Daumen der linken Hand die Federn auf der Brust der Länge nach auseinander, und führe längs der erhabenen Linie, welche der Brustknochen zu bilden pflegt, einen Schnitt vom Anfang bis zum Ende des Brustbeins. (*Fig.* 2), Durch einen leichten Druck mittelst der Finger werden die Ränder

Fig. 2.

Ein nackter Vogel, um an demselben die beim Abbalgen nöthigen Schnitte zu zeigen. *a* Schnitt, um den Kopf von dem Rumpfe zu trennen. Derselbe muss so geführt werden, dass er gleichzeitig die Oeffnung am Hinterhaupte erweitert, um das Gehirn bequem entleeren zu können. *bb* Stellen, an welchen die Flügelknochen gebrochen und dann die Flügel abgeschnitten werden. *c* Kniegelenke, an welchem der Fuss vom Körper getrennt wird. *cc* Wadenmuskeln, welche ebenfalls entfernt werden. *d* beim Balge verbleiben der Knochen *f* beim Steisse zu führender Schnitt.

des Einschnittes von einander getrennt. Nun fasse man den einen Hautrand mittelst der Pincette und löse die Haut entweder mit Hilfe der Finger oder des flachen Stiels des Skalpels bis unter die Flügel ab. Damit aber das etwa hervordringende Blut oder das Fett die Federn nicht beschmiere, und damit auch die Haut nicht wieder anklebe, bestreut man beide mit sehr feinen Sägespänen, oder in Ermangelung derselben mit Gyps. Ist man auf diese Weise mit dem Abbalgen auf der einen Seite bis an den Flügelknochen gekommen, so verfahre man eben so auf der andern Seite und schneide zuletzt noch den Hals nahe am Rumpfe durch. Nun wird der Rumpf gänzlich bis an die zerbrochenen Flügel von der Haut befreit, und die ersteren durchschnitten. Man fahre dann fort, die Haut bis gegen die Schenkel hinabzuziehen, schiebe die letzteren aus der Haut heraus, und schneide wie bei Säugethieren das zwischen dem Schenkelknochen (*femur*) und dem Schienbeine (*tibia*) befindliche Kniegelenke (*genu*) durch, so dass die Füsse von dem genannten Gelenke abwärts an der Haut verbleiben. Nun wird noch der unterste Theil des Körpers von der Haut befreit und endlich das Steissbein durchschnitten. Bei der letzten Operation muss man vorsichtig sein, damit man nicht die Wurzel der Schwanzfedern, welche sich nun durch die Haut als zwei runde erhöhte Körper zeigen, ebenfalls durchschneide.

Jetzt folgt das Abbalgen des noch in der Haut stecken gebliebenen Stückes des Halses und des Kopfes. Zu diesem Ende fasse man den Hals mit der einen Hand, während man mit der andern die Haut darüber zu streifen sucht, wobei man theils mit den Nägeln, theils mit dem Skalpelstiele oder mit dem Skalpel selbst nachhilft. Ist man bis zu dem Kopfe gekommen, so muss man Vorsicht anwenden, um die in den Ohrmuscheln befindliche Haut, ohne sie zu verletzen, herauszuheben. Sodann ziehe man die Haut über die Augen weg, so dass sie mit den Rändern der Augenhöhlen nur noch durch ein ganz feines Häutchen, welches sehr sorgfältig durchschnitten werden muss, um das Auge selbst nicht zu verletzen, zusammenhängt. Ist die Haut nun auf diese Weise bis an die Schnabelwurzel abgestreift, so hebt man die Augen ohne sie zu zerdrücken, aus ihren Höhlen, und reinigt dieselben; ebenso wird der ganze Schädel von allen Fleisch- und Fetttheilen gereinigt. Um das Gehirn zu entfernen, schneide man den Hals so weg, dass gleichzeitig der Hintertheil des Schädelknochens mit weggenommen wird. Durch die dadurch entstandene Oeffnung lässt sich nun sehr leicht das Gehirn entfernen und der Schädel reinigen. Nun muss noch die Haut von allen daran hängenden Fleisch- und Fetttheilen befreit werden, welches mit Hilfe des Skalpels geschieht. Die Füsse werden aus der Haut, so weit es angeht, jedoch nie bis ganz zur Ferse oder dem sogenannten Hakengelenke (*suffrago*) herausgeschoben, und der Knochen von den daran befindlichen Muskeln befreit. Um diese Muskeln wieder zu ersetzen, umwickelt man den Knochen ganz leicht mit Werg.

Schwieriger als bei den Füssen ist das Reinigen der Knochen vom Fleisch bei den Flügeln, wobei man vorzüglich darauf zu sehen hat, dass man die Wurzeln der Flügelfedern nicht verletze. Bei kleinen Vögeln entblösse man das am Flügel gebliebene Stück des Oberknochens (*humerus*), so wie die in diesen eingelenkten beiden anderen Knochen (*ulna et radius*) von innen so weit als möglich von der Haut, und entferne dann das an den Knochen befindliche Fleisch. Bei grossen Vögeln muss man auch wohl die Haut an der innern Seite der Flügelknochen aufschneiden, um diese letzteren reinigen zu können. Da aber die nagenden Inseeten, wie z. B. der Speckkäfer und mehrere andere, solchen Thierhäuten sehr nachstellen, so müssen dieselben durch Bestreichen und Bestreuen mit einem der weiter unten angeführten Präservative geschützt werden. Nachdem die ganze Haut mit einer guten Lage Präservativ überstrichen ist, füllt man zuerst die Augenhöhlen mittelst zweier, aus geschnittenem Werg gedrehten Kugeln aus, schiebt den Schädel wieder in die Haut zurück und sucht sie wieder überzustreifen. Bei dieser Arbeit muss man stets darauf sehen, die Haut im Allgemeinen, besonders aber die des Halses und des Kopfes nicht zu verletzen, und auch nicht zu sehr auszudehnen. Ist die Haut wieder darüber gestreift, so bringe man die Federn, so viel es thunlich ist, in ihre natürliche Lage. Nun forme man nach dem natürlichen einen künstlichen Hals von derselben Dicke, aber nur von $2/3$ der Länge des natürlichen. Dieser Hals wird mit dem einen Ende in die Höhle des Schädelknochens gesteckt, welches Ende zu diesem Zwecke auch etwas dünner gemacht wird. Sodann forme man nach dem natürlichen Rumpf einen künstlichen aus Werg, wobei man bei grossen Vögeln auch im Innern des künstlichen Rumpfes Heu oder Moos anbringen kann. (*Fig. 3.*)

Fig. 3.

Vogelbalg. Die punktirten Linien zeigen den künstlichen Körper an. *a* ist der beim Abbalgen gebliebene natürliche Kopf. *b* der künstliche Hals. *c* der Körper. *ee* die in den Füssen gelassenen Knochen, um welche durch Wikkeln mit Werg etc. die Waden gebildet werden. *f* der Einschnitt behufs des Abbalgens. *d* Binde von Papier, um die Flügel beim Trocknen in ihrer Lage zu erhalten.

Dieser Rumpf wird nun in die Haut eingeschoben und zwar zuerst nach dem Steisse zu, hierauf schiebt man den Rumpf nach oben in die Haut und zieht letztere so über den künstlichen Rumpf zusammen, dass sie überall richtig anliegt und den auf der Brust gemachten Schnitt zusammenschliesst. Dieser Schnitt kann auch von oben nach unten mit wenigen weiten Stichen zugenäht werden. Damit die Flügel in ihrer gehörigen Lage bleiben, kann man früher vor dem Einschieben des Rumpfes noch die beiden Enden der Flügelknochen mit einem Faden umschlingen, so dass die Gelenke des Armknochens in gehöriger Entfernung von einander sich befinden. Nun suche man die Federn, welche bei der Arbeit verschoben wurden, in ihre natürliche Lage zu bringen und ebenso den Kopf, die Flügel und Füsse. Damit die Flügel besser an dem Leibe schliessen, und der Schnitt, wenn er nicht zugenäht ist, sich nicht öffnet, kann man auch den Vogel mit einer leichten Binde von Werg oder von Papier umgeben, welche Binde nach dem Austrocknen des Balges weggenommen wird.

Oft trifft der Fall ein, dass ein Vogel auf dem Kopfe einen Federbusch oder sonst einen Auswuchs hat, welchen man besonders in Acht nehmen muss, oder dass der Kopf so dick ist, dass er nicht durch die Haut des Halses geschoben werden kann, wie dieses namentlich bei den Enten der Fall ist. Man hilft sich dann dadurch, dass man vom Hinterhaupte längs des Halsrückens einen Einschnitt macht, welcher gross genug ist, um den Kopf durch denselben abzuziehen. Dieser Einschnitt wird vor dem Ausstopfen des Vogels, nachdem man die Augenhöhlen ausgefüllt, die Haut mit Präservativ überzogen und sie über den Schädelknochen zurückgezogen hat, wieder zugenäht. Ist ein Vogelbalg auf die eben angegebene Weise bereitet, so wird er an einen trockenen, luftigen, vor Staub und Insecten geschützten Ort gelegt, um auszutrocknen.

Es ist noch zu bemerken, dass bei einigen Vögelarten, wie z. B. bei den Tauchern, der Einschnitt nicht auf der Brust, welche man gerne unversehrt erhält, sondern von der Mitte des Rückens bis gegen den Bürzel hin gemacht wird. Im Uebrigen verfährt man aber auf die angegebene Weise.

Man kann auf solche Weise ausgestopfte Bälge in einem ziemlich kleinen Raume aufbewahren, wobei man jedem einzelnen mittelst eines Fadens eine Etiquette an den Fuss befestigen kann, auf der sich der Name des Thieres, so wie Bemerkungen über dessen Alter u. s. w. befinden.

Das Aufstellen der Vögel kann gleich nach dem erfolgten Abbalgen, oder auch erst geschehen, wenn der Vogelbalg schon jahrelang ausgetrocknet ist.

Im ersten Falle richtet man sich, so wie bei den kleineren Säugethieren Drähte zu. Die beiden stärksten für die Füsse, einen etwas schwächeren für die beiden Flügel und den Körper. (*Fig. 4.*) Der für den Körper muss die doppelte Länge vom Kopfe bis einige Zoll über den Steiss haben, die Flügeldrähte müssen bis an die Flügelspitzen reichen und werden beide an demselben Punkte mit dem Körperdrahte verbunden, wodurch sich ihre Länge leicht bestimmen lässt. Die Fussdrähte werden ebenfalls mit dem Körperdrahte verbunden, und müssen bei den

Fig. 4.

Ausgestopfter und aufgestellter Vogel. Die stärker punktirten Linien zeigen die Drähte an, welche alle bei a verbunden werden. Die Fussdrähte bei b werden, wenn der Vogel auf jene Krücke oder jenes Brettchen kommt, auf welchem er zu verbleiben hat, umgebogen und befestigt. c zeigt das Verfahren, den Hals mit doppeltem Draht zu bilden, so dass derselbe nicht nach Aussen sichtbar wird. Die fein punktirten Linien zeigen die Papierbinden zum Erhalten der Federn in der gehörigen Lage an.

Zehen noch ein Stück, welches zu der Befestigung auf der Krücke oder dem Brette hinreicht, vorragen. Von diesen fünf Drähten werden die beiden Flügel- und die Fussdrähte an einem Ende zugespitzt, um sie gehörig einführen zu können, was ohne dieses nicht so leicht oder oft nur mit dem grössten Zeitaufwande geschehen könnte.

Nachdem der Kopf des Vogels abgebalgt ist, entfernt man von den Flügeln und Füssen, so wie bei der Herstellung eines Balges alle Fleischtheile, reinigt ebenfalls die Haut von allen anhängenden Fleisch- und Fettheilen und bestreicht sie durchaus mit Arsenikseife, welche man etwas übertrocknen und in die Haut einziehen läst. Nun zieht man den Körperdraht bis zur Hälfte durch das Kopfskelet, biegt die beiden Theile zusammen und verbindet sie durch Zusammendrehen. Sodann ersetze man am Kopfe und am Halse die weggenommenen Fleischtheile durch Umwicklung mit Werg, füllt die Augenhöhlen mit geschnittenem Werge aus, bestreicht das ganze nochmals mit Arsenikseife, und zieht schliesslich die Haut über Kopf und Hals, so dass sie in ihrer natürlichen Lage erscheint. Nun werden die Fussdrähte und zwar von den Zehen aus eingeführt. Man macht an der Fusssohle dicht an der inneren Seite des Fussknochens einen Einschnitt oder bei kleineren Vögeln einen Stich mit einem Pfriemen und schiebt den Draht längs des Knochens hinein. Kommt man zu dem Gelenke, so muss man darauf sehen, dass man die Haut nicht durchbohrt und mit dem Drahte nach Aussen kommt. Man bringt den Draht so weit hinein, dass er noch ein gutes Stück über das Wadenbein vor steht. Nun werden die Wadenmuskel durch Umwicklung mit Werg ersetzt, die Haut tüchtig mit Arsenikseife bestrichen und über die künstlichen Waden gezogen. Die beiden Flügeldrähte werden von Innen gegen Aussen eingeschoben, bis die gespitzten Enden der Drähte an die Flügelspitzen vorgedrungen sind. Eine drehende Bewegung des Drahtes wird jederseit das Vordringen desselben befördern, daher man diese Bewegung überall anwendet. Bei den Flügeln werden die weggenommenen Fleischtheile nicht ersetzt, da sich die Flügel dann nicht so gut anschliessen würden. In der Regel braucht man nicht einmal die an der inneren Flügelfläche etwa gemachten Einschnitte zuzunähen. Nur dann, wenn der Vogel in fliegender Stellung aufgestelt wird, heftet man diese Einschnitte mit einigen Stichen zusammen.

Die Flügeldrähte werden in der Schultergegend mit dem Körperdrahte verbunden. Diese Verbindung geschieht bei dünnern Drähten durch Zusammendrehen, bei dicken hingegen, welche sich gar nicht, oder nur sehr schwer drehen lassen, bildet man an den Enden der Flügeldrähte Ringe, die den Körperdraht umfassen, was mit Hilfe der Spitzzangen leicht geschieht, und windet nun einen viel dünneren Draht mehrere Male um die zu verbindenden Drähte, bis die Verbindung die gehörige Festigkeit hat. Auch eine Schnur kann zu diesem Ende verwendet werden. Die Fussdrähte werden unterhalb der Flügeldrähte mit dem Körperdrahte verbunden, wobei dasselbe zu beobachten ist, wie bei der Verbindung der Flügeldrähte. Die beiden Enden des Körperdrahtes werden so durch den Steiss gesteckt dass sie unterhalb des Schwanzes zum Vorschein kommen, da sie bestimmt sind, denselben zu tragen und in seiner Lage zu erhalten. Nun werden noch alle Stellen, an welchen es nöthig ist, mit Arsenikseife bestrichen, worauf man mit dem Ausstopfen beginnt. Mit Hilfe der Pincette bringt man das Werg gegen den Hals zu, dann zwischen den Drähten durch längs des Rückens und so fort bis der ganze Körper möglichst gleichmässig und fest ausgestopft ist. Dann nähert man die beiden Ränder des Schnittes einander und näht sie mit weiten Stichen zusammen. Bei Vögeln braucht diese Naht nicht so sorgfältig wie bei Säugethieren gemacht zu werden, da die Federn ohnehin sehr leicht den Einschnitt bedecken. Nun werden die Füsse gerichtet, je nach Erforderniss an ihren Drähten vor- oder zurückgeschoben und gebogen, damit sie in die Stellung kommen, welche sie an dem aufgestellten Vogel haben sollen. Wird der Vogel mit geschlossenen Flügeln dargestellt, so biegt man sie ebenfalls zusammen und drückt sie an den Leib an, wo sie sich leicht in der einmal gegebenen Lage wegen der darin befindlichen Drähte erhalten. Nun werden bei einem Brettchen oder bei einer Krücke, je nachdem der Vogel auf blossem Boden oder auf einem Zweige sitzend dargestelt werden soll, zwei Löcher in erforderlicher Entfernung gebohrt, die Fussdrähte durch dieselben gesteckt und angezogen, bis der Vogel aufsitzt. Dann biegt man die Drähte um, ohne sie ganz zu befestigen, wenn der Vogel später auf ein anderes Gestell gegeben werden soll, wie dieses gewöhnlich stattfindet. Die schwierigste Arbeit besteht nun darin, dem Vogel eine richtige naturgemässe Stellung zu geben, was man durch Biegen, Drücken, Auflockern mittelst einer Näh- oder Heftnadel u. s. w. zu erreichen sucht. Hat das Thier die gehörige Stellung, so muss ferner gesorgt werden, dass die Federn alle in der richtigen Lage sich befinden. Durch Daraufblasen, dann mittelst der Pincette und der Nadeln bringt man sie in die richtige Lage und erhält sie mittelst Streifen steifen Papiers, welche man durch senkrecht eingesteckte Stecknadeln zu befestigen sucht, so wie auch durch Zwirn und Bindfäden in derselben. Diese Papierstücke, Streifen und Binden werden erst nach dem vollständigen

Trocknen des Vogels entfernt, und dann für den weitern Gebrauch in einer eigenen Schachtel aufbewahrt. Das Einsetzen der Augen kann gleich geschehen, wird aber gewöhnlich erst nach dem Austrocknen des Vogels vorgenommen. In diesem letzteren Falle muss darauf gesehen werden, dass während des Trocknens die Oeffnung der Augenlieder schön abgerundet erhalten wird, weil sonst das spätere Einsetzen der Augen erschwert wird. Schliesslich stellt man dann den Vogel an einen ruhigen, vor Staub und Sonne geschützten Ort zum Trocknen hin. Das Austrocknen kann 2—12 Wochen dauern, je nachdem der Vogel grösser oder kleiner ist. Erst nach dem vollständigen Austrocknen entfernt man alles nicht zum Thiere Gehörige, bessert die etwa vorkommenden schadhaften Stellen aus, bringt den Vogel auf jenes Gestelle, auf welchem er verbleiben soll, versieht ihn mit der gehörigen Etiquette, und reiht ihn in die Sammlung ein.

Diese Art des Ausstopfens, welche hier beschrieben wurde, hat für den Anfänger die Schwierigkeit, dass er leicht den Hals des Vogels zu kurz oder zu lang macht' und dass diesem Uebelstande, wenn einmal die Drähte alle verbunden sind, nicht mehr abgeholfen werden kann. Auch kann man bereits ausgetrocknete Bälge nicht mehr auf diese Weise aufstellen, da man einen solchen Balg, selbst nach dem Erweichen, nicht mehr umkehren darf, um zu dem Kopfknochen zu gelangen. Für solche Fälle eignet sich dann das folgende Verfahren, welches von dem früher beschriebenen nur wenig abweicht. Da es vorzüglich bei schon früher erzeugten Bälgen seine Anwendung findet, so soll zuerst gezeigt werden, wie solche Bälge erweicht werden, um aufgestellt werden zu können. Will man Bälge, die schon ganz ausgetrocknet sind, aufstellen, so wickle man einige Tage vorher den unteren Theil der Füsse (von den Zehen bis zu den Fersen) in angefeuchtetes Werg und sorge dafür, dass dasselbe immer feucht erhalten werde. Nach zwei bis drei Tagen, je nach der Grösse des Vogels, entfernt man das Werg, womit der Vogel ausgestopft ist mittelst einer Pincette, so dass der Balg ganz entleert wird, und gibt ihn in eine Schachtel oder Kiste mit feuchten Sägespänen, wobei man darauf sieht, dass der ganze Balg davon bedeckt ist, und dass auch das Innere von den Sägespänen ausgefüllt wird. Nachdem man den Balg abermals einen bis drei Tage liegen lässt, damit er ganz von Feuchtigkeit durchdrungen und gehörig erweicht werde, so schreitet man zur Aufstellung. Man nimmt den Balg aus den Sägespänen, und sucht durch Blasen und Beuteln alle darin befindlichen oder daran haftenden Späne zu entfernen. Hierauf bestreicht man das ganze Innere mit Arsenikseife und legt den Balg bei Seite, um die Drähte zuzurichten. Man nimmt nur eine Sorte Draht, und zwar jene von der Stärke der Fussdrähte. Es werden drei Stücke genommen, der Körperdraht von der Schnabel- bis zur Schwanzspitze, und die beiden Fussdrähte von der bekannten Länge. Den Körperdraht biegt man so, dass er ungefähr unterhalb der Brustmitte einen Ring bildet, gross genug, um beide Fussdrähte sich kreuzend durchstecken zu können. Alle drei Drähte werden an dem einen Ende zugespitzt. Nun stopft man den Hals des Vogels bis gegen die Brust zu mit zerschnittenem Werg aus, sucht den Ellbogen eines jeden Flügels etwas nach Innen zu schieben und zieht zwischen beiden mittelst einer Nadel einen Faden durch, dessen Enden man so vereiniget, dass die beiden Ellbogen gerade die Entfernung bekommen, die sie am lebenden Vogel haben. Dieser Faden ersetzt zum Theil die Flügeldrähte und erhält die Flügel beim Ausstopfen in ihrer Lage. Es muss hier bemerkt werden, dass solche Bälge in der Regel mit geschlossenen Flügeln aufgestellt werden, daher sie die Flügeldrähte entbehren können. Nun führt man drehend den Körperdraht durch die Mitte des Halses ein, bis die Spitze desselben in der Mitte des Stirnbeins herauskommt. Die beiden Fussdrähte werden nun auf die schon früher beschriebene Art eingeführt, nur ist hier zu bemerken, dass die Haut an den Füssen nicht umgekehrt werden darf. Die inneren Enden der beiden Fussdrähte werden nun durch den Ring des Körperdrahts so gesteckt, dass sie sich kreuzen, und so weit vorstehen, dass sie gut zusammengedreht werden können. Nun steckt man noch das freie Ende des Körperdrahtes durch den Steiss und stopft den Vogel vollends aus. Die Naht wird wie früher gemacht, und ebenso auch die Aufstellung vorgenommen. Erweichte Bälge trocknen, wenn sie ausgestopft werden, viel schneller als frische Häute aus.

Es versteht sich wohl von selbst, dass die eben beschriebene Methode auch bei frisch auszustopfenden Vögeln in Anwendung gebracht werden kann. Sie hat den Vortheil, dass der Hals durch Schieben des Kopfes auf dem Drahte verlängert oder verkürzt werden kann, und dass man dadurch leichter eine schöne Stellung des Vogels erzielt.

Federn, die während der Arbeit etwa ausfallen, werden sorgfältig gesammelt, und nach dem vollständigen Austrocknen zum Ausbessern benützt, wie dieses später gezeigt werden wird.

Hat der Vogel fleischige Auswüchse, wie z. B. mehrere Hühnerarten, so können dieselben getrocknet und dann bemalt werden, wobei man sie während des Trocknens mittelst Nadeln, Papirstreifen etc. in ihrer Lage zu erhalten sucht. Schöner werden sie aber gewiss ausfallen, wenn man sie wegschneidet, und durch künstlich aus Wachs geformte ersetzt.

Theile des Schnabels u. s. w., welche etwa durch einen Schuss verletzt sind, werden ebenfalls mittelst Wachs ausgebessert, und die Wachshäute und Füsse, welche bei einigen Vögeln während des Trocknens ihre Farbe verlieren, werden bemalt und mit Firniss überzogen, um ihnen ihr natürliches Ansehen wieder zu geben.

Als Präservativ gegen die Insecten benützt man bei diesen beiden Thierklassen gewöhnlich die Arsenikseife, welche man sich sehr leicht auf folgende Art bereiten kann: Man lasse 5 Gewichtstheile *Sal tartari* in Wasser auflösen, füge 16 Gewichtstheile klein geschnittener weisser Seife hinzu und lasse das Ganze unter immerwährenden Umrühren über dem Feuer so lange zerfliessen, bis die Seife sich gänzlich gelöst hat. Sodann nehme man die Mischung vom Feuer weg, und rühre 16 Gewichtstheile weissen fein gepulverten Arsenik hinzu. Ist die Mischung beinahe erkaltet, so füge man noch zwei Gewichtstheile Kampfer, den man früher in Alkohol zerlässt, zur Mischung und bewahre das Ganze in einem wohl verschlossenen Tiegel.

In neuester Zeit hat man auch, und zwar mit gutem Erfolge, fein gepulverten Kupfervitriol, mit welchem die Haut innen bestreut wird, als Präservativ in Anwendung gebracht.

Da bei dem naturgeschichtlichen Unterrichte eine Anzahl von Skeleten von Köpfen der Säugethiere von grossem Nutzen ist, so soll auch in kurzem gezeigt werden, auf welche Weise solche Skelete zubereitet werden können. Man kann dabei zwei Verfahrungsarten anwenden, nämlich: Das Aussieden der Köpfe und das

Maceriren derselben. Bei dem ersten Verfahren werden die Köpfe in einen mit siedendem Wasser gefüllten Topf gegeben und so lange in demselben gelassen, bis sich das Fleisch nicht gar zu schwer mehr von den Knochen löst, wobei man aber besonders darauf sehen muss, dass sie nicht zu lange gesotten werden, weil sonst die Köpfe sehr leicht zerfallen. Sind sie gehörig gesotten, so nimmt man sie heraus, lässt sie abkühlen, entfernt sämmtliche Fleischtheile und Sehnen durch Schneiden und Schaben von den Knochen, bis dieselben rein sind; das Gehirn wird durch die Oeffnung des Hinterhauptes, ohne dieselbe zu erweitern, entfernt. Vorzügliche Aufmerksamkeit erfordert die Reinigung des Riechbeines, weil dasselbe sehr leicht verletzt wird. Sind alle Theile hinlänglich rein, so wäscht man sie noch mit kaltem Wasser oder noch besser mit einer aus Holzasche bereiteten Lauge. Da bei diesem Verfahren der Unterkiefer durch die Zerstörung der Bänder vom Kopfe getrennt wird, so kann man denselben wieder mittelst zweier Drähte mit dem Kopfe vereinigen. Bei der Maceration lässt man den Kopf in Wasser liegend, so lange in Fäulniss übergehen, bis die Fleischtheile sich leicht durch Schneiden und Schaben von den Knochen trennen. Bei dieser Art des Skeletirens können die Bänder, welche zur Verbindung des Unterkiefers mit dem Oberkiefer dienen, erhalten bleiben. Die Entfernung des Gehirnes geschieht ebenfalls durch die Hinterhauptshöhle.

Die durch Maceration erzeugten Skelete sind in der Regel schöner, als die durch das Auskochen gewonnenen, verursachen aber wieder bei ihrer Erzeugung durch die Fäulniss der Fleischtheile einen sehr unangenehmen Geruch. Auf gleiche Weise wie die Köpfe kann man auch ganze Körper skeletiren, nur dass man bei diesen in neuerer Zeit fast durchgehend blos die Maceration in Anwendung bringt, wobei die die einzelnen Knochen verbindenden Bänder erhalten, mithin auch die Knochen nach dem Skeletiren in ihrer natürlichen Reihenfolge verbunden bleiben, und das Aufstellen des Skeletes mit leichter Mühe bewirkt wird, während es sehr schwer ist, ein durch Aussieden erzeugtes Skelet gehörig zusammenzustellen. Durch Drähte wird das Skelet in der richtigen Lage erhalten.

Um die Skelete, welche oft nach der Maceration ganz dunkel aussehen, weiss zu erhalten, bleicht man sie an der Sonne, wobei man sie manchmal mit Wasser besprizt. Je dunkler die macerirten Knochen waren desto weisser werden sie in der Regel.

Fig. 5.

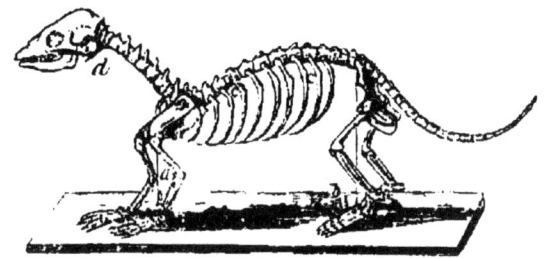

Skelet eines Marders mit conservirten Bändern. *a* und *b* senkrechte Drähte, *cc* längs des Rückgrathes laufender Draht zur Stütze des Skeletes. *d* Draht mit einer Holzunterlage zur Befestigung des Kopfes.

Amphibien.

Die in unseren Ländern vorkommenden Amphibien haben keine besondere Grösse und können sämmtlich sehr leicht in eine Sammlung aufgenommen werden. Wir wollen ihre Behandlung nach ihrer verschiedenen Eintheilung durchgehen.

Die Schildkröten werden am allerleichtesten ausgestopft. Man trenne zuerst den Bauchschild mittels eines starken Messers, oder wenn es nöthig ist, mittelst eines Meissels vom Rückenschild, entferne sodann die Eingeweide des Bauches und der Brust, schneide den Hals durch, ohne die Haut zu verletzen, balge sie so weit als möglich ab, wobei zu bemerken ist, dass der Kopf nicht übergestreift werden kann, weil sich sonst die auf demselben befindlichen Schilde lösen. Sodann balge man die Füsse ab, wobei man aber nicht nöthig hat, die Beine darin zu lassen. Man überziehe die Haut mit einer Lage Präservativ, stopfe sie mit Werg aus, und befestige den Bauchschild entweder durch Anleimen oder mittelst einiger Hefte von Draht an dem Rückenschild. Sodann reinige man sie mittelst eines feuchten Schwammes von allem noch daran befindlichen Schmutze, und überziehe sie nach dem Trocknen mit einer Lage farblosen Firnisses.

In Beziehung auf das Ausbalgen ist noch zu bemerken, dass man sich ja hüte, irgend ein Loch in der Haut zu machen, weil dieses sich sehr schwer verbergen liesse. Man bedient sich in einem solchen Falle des Modellirwachses, um die beschädigten Stellen auszubessern, welche dann bemalen werden.

Eidechsen. Da die bei uns vorkommenden Eidechsen keine bedeutende Grösse haben, so werden sie am leichtesten in Spiritus aufbewahrt. Zu diesem Ende reinige man sie; wenn sie getrocknet sind, in frischem Wasser, und gebe sie dann in ein mit Spiritus gefülltes Glas. Statt des ziemlich hoch kommenden reinen Spiritus, kann man auch eine Mischung von einem Theil Spiritus und einem Theil Wasser benützen. Auch in einer Lösung von Alaun und Kochsalz halten sie sich sehr gut. Damit aber die Flüssigkeit aus den Gläsern nicht verdünste, müssen dieselben geschlossen werden, welches am besten mittelst einer darauf passenden Platte von ordinärem Glas, die mit gewöhnlichem Glaserkitt aufgekittet wird, geschieht.

Frösche und Kröten werden ebenso wie die Eidechsen am besten in Gläsern aufbewahrt, nur ist dabei zu bemerken, dass sie nur in gewöhnlichem Weingeist oder solchem, der sehr wenig mit Wasser verdünnt ist, sich halten; in jeder andern Flüssigkeit aber sehr leicht in Fäulniss übergehen.

Schlangen. Diese werden genau so wie die Eidechsen behandelt und lassen sich auch in der bei denselben angegebenen Mischung aufbehalten.

Sowohl die Eidechsen, als auch die Frösche, Kröten und Schlangen können auch ausgestopft werden. Es ist am besten, wenn man sie abbalgt ohne einen Einschnitt in die Haut zu machen. Zu dem Behufe öffnet man dem Thiere das Maul und löset durch einen inwendig herumgehenden Schnitt den Kopf von der Haut ab, ohne diese zu verletzen. Wäre die Maulöffnung für sich allein nicht weit genug, so müsste man noch die Bänder, wodurch die Unterkinnlade verbunden ist, durchschneiden, und so den Schlund erweitern. Nachdem auf diese Weise der Kopf vom Rumpfe getrennt ist, ergreift man den letztern bei jenem Theile, welcher sich in der Schlundöffnung zeigt, und balgt durch Ziehen an demselben die Haut weiter ab. Ist man bei Fröschen und Eidechsen bis an die Beine gekommen, so werden diese wie bei den Säugethieren an dem Gelenke abgeschnitten. Bei den Schlangen fährt man natürlich mit dem Abbalgen fort. Am schwierigsten ist der Schwanz bei den Eidechsen und Schlangen abzubalgen, weil er sehr leicht zerbrechlich ist und auch die Schuppen leicht abspringen. Man muss dabei beständig die Sehnen, welche die Schwanzwirbel mit der Haut verbinden, durchschneiden. Am sichersten wird man aber jedenfalls das Abbalgen dadurch bewirken, dass man einen Einschnitt von Aussen der Länge nach macht. Bei Kröten und Fröschen ist das Ausstopfen deshalb schwierig, weil es bei ihrer glatten Haut sehr schwer ist, die Muskulatur zu zeigen. Diese Thiere müssen auch sehr schnell getrocknet werden, weil sie sonst gänzlich ihre Farbe verlieren. Nach dem Trocknen werden sie mit einer Lage von farblosem Firnisse überzogen. Eidechsen und Schlangen werden, wenn sie auf die angegebene Art abgebalgt sind, sehr leicht ausgestopft, wenn man, nachdem die Haut wieder zurückgestreift und von innen mit etwas Präservativ versehen ist, durch den geöffneten Rachen einen ganz trocknen feinen Sand hineinlaufen lässt, dann den Rachen verschliesst, die so gefüllte Haut auf ein Brettchen legt, und ihr die Stellung, welche man wünscht, giebt. Nach dem Trocknen werden sie dann ebenfalls mit Firniss überzogen.

Um den Sand beim Rachen hineinlaufen zu lassen, hängt man die Haut an zwei mit in Hakenform gebogenen Stecknadeln versehenen Faden auf, wobei einer der beiden Haken den Ober-, der andere den Unterkiefer fasst. Nach dem Trocknen lässt man den Sand auslaufen, indem man nun das Thier mit der Mundöffnung nach unten hält, und leicht beutelt. Damit aber diese ganz leere Haut nicht leicht eingedrückt wird, kann man, namentlich bei Fröschen und Kröten, fein zerschnittenes Werg oder Baumwolle mittelst einer Pincette durch den Rachen einführen.

Präparation im Conservationslack. Die in unseren Gegenden vorkommenden Eidechsen, Schlangen, Frösche und Kröten lassen sich auch noch auf nachfolgende Weise für Schulsammlungen präpariren. Man bereite sich aus Sandarak und Mastix zu gleichen Theilen eine Lösung in starkem Alkohol, dem man $\frac{1}{4}$

seines Volumens Schwefeläther beigemengt hat. Dieser Lösung fügt man noch für je vier Loth der obigen Harzmischung ein halbes Loth Kampfer bei und verwahrt dann diese Lösung in einem gut verschlossenen Gefässe, dessen Hals weit genug ist, die zu präparirenden Thiere hinein zu geben. Den in Alkohol oder auf eine andere Weise getödteten Thieren wird ein starker Faden durch den Unterkiefer gezogen, dann werden sie von allen anhängenden fremden Bestandtheilen gereiniget, und wenn sie einen weichen Körper haben, wie die Frösche, so füllt man sie durch die Rachenöffnung, oder durch eine kleine am Bauche gemachte Oeffnung mittelst einer Pincette mit so viel Baumwolle als man hinein zu bringen vermag. Nach dieser Vorbereitung werden die Thiere an dem durch den Unterkiefer gehenden Faden in die oben angeführte Lösung gehängt, wobei man darauf zu achten hat, dass die Thiere ganz eintauchen, und dass der Faden, an welchem sie später herausgezogen werden, nicht hineinschlüpft. Je nach der Stärke des Thieres ist das Verbleiben in der Lösung verschieden, doch sind wenigstens acht Tage erforderlich, und ein längerer Aufenthalt in der Lösung kann nur zum besseren Gelingen beitragen. Nach dieser Zeit wird das Thier mittelst des Fadens herausgezogen, wobei man alles Ueberflüssige der Lösung in das Gefäss abtropfen lässt. Man legt dann das Thier auf ein Brettchen, gibt ihm eine beliebige aber seiner Natur angemessene Stellung, in welcher man es durch Stecknadeln, Holzstückchen etc. zu erhalten sucht, und lässt es austrocknen, was ziemlich schnell geschieht, indem der als Lösungsmittel verwendete Aether und Alkohol ziemlich schnell verflüchtigen und die Harze zurücklassen, welche das Thier in seiner Stellung und Farbe unverändert erhalten. Ist das Thier ganz getrocknet, so giebt man es auf jenes Brettchen, auf welchem es verbleiben soll und überzieht es noch früher einmal mittelst eines Pinsels entweder mit der Lösung oder mit dem am anderen Orte angegebenen Weingeistfirniss. Die eben angegebene Weise des Präparirens hat den Vortheil, dass dieselbe wenig Zeit und Mühe fordert, und dass die so bereiteten Thiere sich besser zum Unterrichte eignen, als die im Weingeist aufbewahrten, und sogar billiger zu stehen kommen, da man mit einem Glase von einer halben Maass Lösung fast alle bei uns vorkommenden Amphibien präpariren kann.

Fische

werden in einer Mischung von einem Theile Alkohol und einem Theil Wasser aufbewahrt, nachdem man sie früher ein paar Tage in ungemischtem Alkohol liegen liess, auch in den Körper der grösseren Einschnitte machte, damit der Alkohol besser eindringe. Die grösseren Fische auf diese Art aufzubewahren, kommt sehr kostspielig, daher man sie ausstopft, oder für Schulsammlungen abdrückt.

Um sie abzubalgen, macht man einen Schnitt von der Mitte der Brust bis gegen den Schwanz, fasst die Haut mit der Pincette und sucht sie mit Hilfe eines Skalpels von dem Fleische zu trennen. *Fig. 6.*

Fig 6.
Ausgestopfter Fisch. Die punktirten Linien zeigen die Drähte an.

Man schneidet die Flossen an ihrer Verbindung mit dem Körper durch, trennt ebenfalls die Schwanzflossen und die übrigen vom Körper, wobei man aber stets Acht zu geben hat, dass man nicht wie bei andern die Haut umkehrt, sondern sie nur nach der Seite fallen lässt, indem bei dem Umkehren der Haut unfehlbar die Schuppen ausfallen würden. Ist man bis an den Kopf gekommen, so wird der Schädel vom ersten Rückenwirbel losgeschnitten.

Der Kopf wird nicht abgebalgt, sondern blos das Gehirn durch das Hinterhauptloch entleert. Die Kiemen werden ausgeschnitten, die Augen ausgehoben, der Kopf so wie die Haut von Innen mit einer Lage Präservativ versehen. Nun wird nach dem natürlichen Körper ein künstlicher aus Werg geformt, in die Haut eingeschoben, die Ränder des Schnittes werden zusammengelegt und entweder mit Stecknadeln in ihrer Lage erhalten, oder durch eine Naht verbunden. Sodann wird der Fisch getrocknet und mit einer Lage Firniss überzogen.

Die auf die beschriebene Weise bereiteten Fische würden aber nicht aufgestellt werden können, man könnte sie höchstens an einem Faden aufhängen. Um sie aufstellen zu können, führe man die in der Fig. 6 angegeben Drähte ein und stopfe dann erst den Fisch aus. Einer besonderen Aufmerksamkeit bedürfen die Flossen, welche zwischen Stücken von Pappe oder starkem Papier ausgespannt, und durch Nadeln in ihrer Lage erhalten werden.

Um den mehrfach erwähnten Firniss zu bereiten, löse man $\frac{1}{2}$ Pfund Gummisandarak und $\frac{1}{3}$ venetianischen Terpentin in einer Maass starkem Weingeist auf, und setze der Auflösung 2 Loth Kampfer zu. Dieser Firniss wird in einer Flasche aufbewahrt, deren Pfropf durchbohrt ist. Durch das Loch des Pfropfes stecke man den Stiel des Pinsels, so dass bei dem Verschluss der Flasche der Pinsel selbst in den Firniss zu hängen kommt. Diese Vorsicht wendet man deswegen an, weil man sonst nach jedesmaligem Gebrauche den Pinsel in Weingeist auswaschen müsste, da er, wenn man den Firniss darin trocknen lässt, unbrauchbar wird.

Fig. 7.

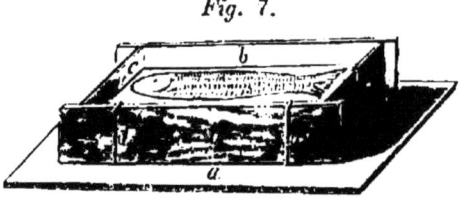

Vorrichtung zum Abgiessen der Fische. *a* Grundbrett, *bb* die beiden Längsbretter, durch die starken Nägel *dd* gehalten. *cc* die beiden Querwände, welche auch als Pappe hergestellt werden können. *e* Zur Hälfte aus der bereits eingetragenen Gypslage herausragender Fisch.

Abgiessen der Fische. Das Aufbewahren der Fische in Weingeist ist ausserordentlich kostspielig, und das Ausstopfen hat den Uebelstand, dass manche Fischarten so sehr ihre Farbe und ihr Aussehen ändern, dass sie kaum erkannt werden. Für den Zweck des naturhistorischen Unterrichtes eignen sich nun die im Folgenden beschriebenen Abgüsse und Abbildungen ganz vortrefflich. Solche Abdrücke sollen entweder den halben, oder den ganzen Fisch darstellen. Bei den meisten Fischen wird die Hälfte genügen, welche weniger Mühe und Arbeit bedarf. Die Arbeit zerfällt in zwei Theile, in das Abformen, und in das Abgiessen, oder in der Erzeugung des negativen und in der Anfertigung des positiven Bildes. Das negative Bild oder die Form wird erzeugt, indem man aus mehreren Brettchen die Einfassung auf die in der Fig. 7 angegebene Weise sich macht. Die Brettchen werden jedes einzelne durch zwei starke Nägel auf dem Bodenbrette festgehalten, indem man das Brettchen senkrecht aufstellt, und die Nägel neben demselben so einschlägt, dass die Köpfe derselben das Brettchen halten. Zu den beiden in der Regel kürzeren Querstücken kann man Stücke von Kartenpapier, oder anderem starken, doppelt oder mehrfach gelegtem Papier, oder von Pappe verwenden. Der

Formrahmen muss so gross sein, dass er den abzuformenden Fisch umschliesst, und dass dabei zwischen den Wänden und dem Fische wenigstens ein fingerbreiter Raum bleibt.

Der Fisch wird, nachdem der Rahmen hergestellt ist, wenn er noch nicht todt ist, getödtet, was am besten durch einige Schläge auf den Kopf geschieht, dann in reinem Wasser gewaschen und mit einem Tuche gut abgetrocknet, damit der auf den Schuppen vorkommende Schleim gänzlich entfernt werde.

Der gut getrocknete Fisch wird nun auf der einen Seite mit ziemlich starkem Seifenschaum, den man durch Rühren, mittelst eines Stäbchens Olivenöl beigemengt hat, bestrichen und bei Seite gelegt, dass dieser Anstrich übertrocknen kann. Nun bestreiche man auch das Innere des Formrahmens mit Seifenschaum und rühre dann feinen Gyps mit Wasser zu einem nicht zu dicken Brei an. Mittelst eines Borstenpinsels trage man zuerst bei den Fugen des Rahmens von diesem Brei auf, wodurch dieselben geschlossen werden, worauf man den übrigen Brei in den Rahmen giesst und ihn so ausbreitet, dass er eine horizontale Schichte bildet.

Hierauf legt man den Fisch mit der bestrichenen Seite so auf den Brei, dass er bis zur Hälfte in denselben eintaucht, wobei man vorzüglich darauf zu sehen hat, dass keine Luftblasen dazwischen bleiben. Man könnte auch, um ja eine recht reine Form zu bekommen, auf die mit Seife bestrichene Seite des Fisches mittelst des Pinsels eine dünne Gypsschichte auftragen, dieselbe etwas übertrocknen lassen, was in ein paar Minuten der Fall ist, und dann erst den Formrahmen füllen und den Fisch mit der bestrichenen Seite in den Gypsbrei tauchen. In dieser Lage bleibt nun der Fisch bis der Gyps erstarrt ist. Man macht dann an zwei bis vier Punkten der Fläche, nicht zu nahe am Fisch, halbkugelförmige Vertiefungen von 2 bis 4 Linien im Durchmesser, welchen dann in der zweiten Formhälfte Erhöhungen entsprechen werden, die zum genauen Aufeinanderpassen der Formtheile dienen.

Hierauf überstreicht man die herausragende Fischhälfte sammt der ganzen Gypsfläche mit dem angegebenen Seifenschaume und trägt dann über das Ganze und zwar anfangs mit dem Borstenpinsel, Gypsbrei auf, worauf man dann abermals so siel Gyps giesst, dass an den dünnsten Stellen die Gypsschichte Daumendicke erreicht. Nun lässt man das Ganze hinlänglich trocknen, was an einem trocknen luftigen Ort ungefähr in 2 bis 4 Stunden geschehen kann, und nimmt aber, um das Trocknen zu erleichtern, die Seitenwände der Einfassung nach der ersten halben Stunde, in welcher das Ganze schon so ziemlich erstarrt ist, weg. Nach der angegebenen Trockenzeit löst man nun die Form von dem Bodenbrett, und nimmt die beiden Theile derselben auseinander, worauf man dann auch den Fisch aus jenem Theil, an welchem er noch haftet, entfernt. Nun muss die Form vollständig austrocknen, zu welchem Behufe sie einige Tage an einen vor Staub gesicherten Ort gestellt wird. Erst wenn gar keine Feuchtigkeit mehr in derselben vorhanden ist, macht man von der dem Fischkörper entsprechenden Vertiefung zwei halbcylinderförmige Aushöhlungen, welche von der Brust und dem After beginnen und bis an den äussern Rand der Form reichen. Bei der zweiten Formhälfte werden diese Aushöhlungen entsprechend so gemacht, dass sie auf die in der ersten Hälfte passen und mit diesen je einen hohlen cylinderischen Gang bilden. Derselbe wird dann gegen aussen noch trichterförmig erweitert. Diese Oeffnungen dienen bei der Anfertigung ganzer Abgüsse zum Eingiessen und zum Entweichen der Luft während des Giessens. Will man nur halbe Fischkörper erzeugen, was in den meisten Fällen genügt, so braucht man den zweiten Theil der Form nicht mehr anzufertigen, sondern man entfernt nach dem mehrstündigen Austrocknen den Fisch aus der Form, lässt diese vollständig austrocknen, macht aber dann die Vertiefungen zum Gusse nicht, da sie in diesem Falle nicht nöthig sind. In beiden Fällen aber wird nun die gut ausgetrocknete Form mittelst eines feinen Pinsels mit einer gleichmässigen Lage von einer nicht zu dicken Lösung von Schellack in Spiritus überstrichen. Dieser Anstrich wird nach einiger Zeit wiederholt, damit er desto gleichförmiger werde. Es werden hierbei nur die den Fischkörper enthaltenden Theile und die Zusammenstossflächen der beiden Formen bestrichen. Werden auf galvanischem Wege Abdrücke erzeugt, so unterbleibt das Bestreichen der Form, weil sie auf eine andere Weise zubereitet wird. Will man nämlich auf galvanoplastischem Wege Abbildungen erzeugen, so werden die Theile der Formen, bei welchen die Gusslöcher nicht gemacht wurden, nach dem Austrocknen erwärmt und mit heissem Wachse oder Unschlitt getränkt, sind sie kalt geworden, so überpinselt man den Theil, welcher den Fischabdruck bildet, so lange mittelst feinen Graphits, bis dieser Theil gleichmässig schwarz und glänzend erscheint. Selbst die kleinsten Theile werden bei gehöriger Sorgfalt nicht an Schärfe verlieren.

Die auf die angegebenen Arten erzeugten Formen sind nun zur Erzeugung der verschiedenen Abbildungen geeignet. Diese Abbildungen können gemacht werden 1. aus Gyps, 2. aus Steinmassa, 3. aus Papiermassa, 4. auf galvanischem Wege aus Metall. Zu den 3 ersten Arten dienen die mit Schellacklösung überzogenen Formen, zu der letzten Art die mit Graphit behandelten. Bei allen Arten kann man entweder halbe oder ganze Abbildungen erzeugen.

1. Abbildungen aus Gyps werden gemacht, indem man zuerst mittelst eines Borstenpinsels den Gypsbrei aufträgt, bis alle Theile der auf die oben angegebene Weise mit Schellack behandelten Fischform damit bedeckt sind, sodann aber in die Form so viel Gyps giesst, dass die Vertiefung (negatives Bild des Fisches) ganz ausgefüllt ist, worauf man den Abguss so viel trocknen lässt, dass er heraus genommen werden kann. Bei ganzen Abbildungen wird auch zuerst der Gyps mittelst des Pinsels, aber ja nicht zu dick aufgetragen, worauf man die beiden Formhälften vereiniget, sie durch Umwicklung mit Draht oder Bindfaden in ihrer Lage erhält, und den Gypsbrei, welcher ja nicht zu dickflüssig sein darf, durch die Gusslöcher eingiesst. Will man die Fischabgüsse aufstellen, so legt man durch die beiden Gusslöcher entsprechend starke Drähte ein, die in den Fischkörper ein Stück hineinreichen und mit eingegossen werden, wodurch sie hinreichend befestiget sind. Beim Aufstellen werden diese Drähte dann in Brettchen gesteckt und so wie bei ausgestopften Thieren in denselben befestiget.

Damit die Gypsabgüsse recht hart und fest werden, löse man gebrannten Alaun in Wasser, und benütze dann die Lösung zur Bereitung des Gypsbreies.

Noch bessere Gypsabgüsse wird man erhalten wenn man den mit Alaunwasser bereiteten Gypsbrei zuerst in einer ganz dünnen und gleichmässigen Schichte mittelst des Borstenpinsels aufträgt, dann das Ganze mit Leinwandfleckchen belegt, wozu man Stücke von alten Leinen- und anderen Stoffen benützen kann, auf die Belegung abermals Gyps aufträgt, dann wieder

Leinenstücke gibt, und so fortfährt bis der Abguss fertig ist. Ist es ein ganzer Abguss, so werden zuerst die beiden Hälften mit Gyps und Leinwand belegt, dann beide Formenhälften zusammengebunden und das noch Fehlende mit dünnem Gypsbrei ausgegossen. Die auf diese Weise verfertigten Abgüsse haben weit mehr Festigkeit als gewöhnliche, und sind auch nicht so schwer. Man kann die gröbste und schlechteste Leinwand dazu benützen.

2. Abbildungen aus Steinmasse erhält man, wenn man dem Gypsbrei noch Ziegelmehl und sehr feinen Sand beimengt, so dass man 3 Theile Gyps, 2 Theile Sand und 1 Theil Ziegelmehl nimmt, wobei man sich ebenfalls des Alaunwassers bedienen kann. Das Verfahren ist ganz dem bei Gypsabgüssen gleich, nur braucht diese Masse länger zum Erstarren und Trocknen, und muss daher länger in der Form bleiben.

3. Um Abbildungen aus Papiermasse zu machen, zerreisse man altes unbrauchbares Papier in kleine Stückchen, gebe dieses in ein grosses Glas oder in ein anderes Gefäss und übergiesse sie mit Wasser, so dass die Papierstücke ganz damit bedeckt sind, und lasse es so mehrere Tage ruhig stehen, dass das Ganze sich durch Rühren leicht in einen gleichmässigen Brei verwandeln lässt. Von diesem seiht man dann, nachdem man ihn nach tüchtigem Durcharbeiten einige Zeit in Ruhe liess, das überflüssige Wasser ab und mischt etwas Kleister oder Leim bei, den man aber recht gut zu vertheilen sucht. Diese Masse wird nun in die Form eingetragen, und zwar werden bei ganzen Fischkörpern die beiden Hälften jede für sich gemacht und getrocknet und dann erst beide zusammengeleimt. Damit aber die Papiermasse in alle Theile der Form gut eindringt, so arbeitet man mit dem Borstenpinsel die in die Form

gefüllte Masse tüchtig durch, wobei man besonders den Pinsel von oben gegen unten bewegt, so dass die Borsten die Wand der Form berühren, wodurch alle etwa vorkommenden Luftblasen entfernt werden, worauf man die überflüssige Feuchtigkeit mittelst eines Leinentuches, welches man mehrfach darüberschlägt, entfernt. Erst nachdem der Abguss hinlänglich getrocknet ist, kann er aus der Form genommen werden, worauf er dann erst gänzlich ausgetrocknet wird.

Die auf die drei genannten Arten erzeugten Abgüsse müssen aber erst bemalen werden, damit sie ein dem natürlichen Fische möglichst ähnliches Bild geben. Das Bemalen geschieht entweder mit Wasser- oder Oelfarben. Die Fische sind nie einfärbig, sondern sie haben verschiedene Farben, welche häufig sanft in einander verlaufen. Es kann hier nicht eine Abhandlung über die Behandlung der Farben gegeben werden, sondern es sei nur hier bemerkt, dass die Grundfarben möglichst naturgetreu und nicht zu dick aufgetragen werden, damit die oft sehr feinen Schuppenabdrücke nicht verwischt werden.

Wenn hier gesagt wird Grundfarben, so sind damit die Farben der Fische ohne den Metallschimmer, der ihren Schuppen oft eigen ist, gemeint. Dieser Metallschimmer wird erst nach dem Bemalen gegeben, und zwar dadurch, dass man einen sogenannten Vertreibpinsel mit den Spitzen seiner Haare zuerst in guten Leinölfirniss, der aber nicht zu dick sein darf, und dann in ein den Schimmer der Fischschuppen entsprechendes Bronzepulver taucht, dann den Pinsel auf der inneren Handfläche einige Male hin und her bewegt, um den Firniss mit der Bronze gehörig zu mengen, und dann die betreffende Stelle, welche den Glanz erhalten soll, leicht überpinselt, wobei der Pinsel senkrecht gegen die zu bronzirende Stelle gehalten wird. Diese Bronzepulver bekommt man jetzt in den verschiedensten Farben, und man wird nicht selten bei einem Fische mehrere Arten der Bronze anwenden müssen, um die geeignete Färbung hervorzubringen. Es versteht sich von selbst, dass bei halben Abdrücken nur die das Fischbild zeigende Seite auf die angegebene Weise behandelt wird, während die andere roh bleibt, da sie ohnehin nicht gesehen wird.

Schliesslich überzieht man den Abguss mit dem schon früher angegebenen farblosen Glanzfirniss und zwar nach Erforderniss ein- oder zwei-, ja auch dreimal, bis das Ganze einen gleichmässigen Glanz hat.

4. Die auf galvanischem Wege erzeugten Abdrücke bieten keine besondere Schwierigkeit bei ihrer Herstellung. Man bedient sich hierzu der mit Graphit behandelten Formen und lässt den Niederschlag so stark werden, dass der Abdruck die gehörige Festigkeit hat. Bei ganzen Abdrücken werden beide Theile für sich hergestellt, und dann am besten durch Löthen vereiniget. Es genügen jedoch die halben Abdrücke vollkommen, und man hat damit dann weit weniger Arbeit.

Auch die galvanischen Abdrücke müssen mit Farbe und Bronzepulver behandelt werden. Man wird aber hier nur Oel-, und bei den meisten Fischen nur Lasurfarben anwenden. Auch wird man bei vielen den Metallglanz des Abdruckes benützen können und weniger Bronzepulver in Anwendung zu bringen haben, auch wird dann ein einmaliger Firnissüberzug genügen, um dem Ganzen einen gleichmässigen schönen Glanz zu geben.

Alle auf die vier angegebenen Arten erzeugten Fisch-Abbildungen werden beim Aufstellen in einer Sammlung auf gleiche Weise, wie die ausgestopften Fische behandelt.

Für den Naturforscher hat eine solche Sammlung wohl keinen grossen Werth, aber einen desto grösseren für Lehranstalten zum Gebrauche beim Unterrichte. Da diese Abbildungen weit schöner und natürlicher als ausgestopfte Fische erscheinen, und auch, namentlich die auf galvanischem Wege erzeugten weit dauerhafter sind.

B. Wirbellose Thiere.

Die wirbellosen Thiere können weit leichter eingefangen werden als die Wirbelthiere und ihre Zubereitung für Sammlungen fordert auch geringere Mühe.

Insecten.

Bei botanischen Excursionen wird man meistens gleichzeitig in die Lage gesetzt, für die Vermehrung der Insecten-Sammlung zu sorgen. Die Werkzeuge, welche man nöthig hat, um alle Arten von Insecten fangen zu können, ohne sich bei einer Excursion zu viel mit Geräthschaften bepacken su müssen, sind: das Netz zum Fangen der Schmetterlinge, der Hamen der Käfer, einige Schachteln und eine Anzahl Insectennadeln von verschiedenen Nummern, so wie ein Fläschchen mit Weingeist, dessen Oeffnung am Halse ungefähr $5/4''$ im Durchmesser hat, und welches mit einem genau passenden Korkstöpsel geschlossen wird. Gut ist es noch, wenn man einen ziemlich grossen Regenschirm oder ein grosses weisses Tuch mit sich führen kann.

a) Käfer. Käfer lassen sich zu jeder Zeit selbst im Winter in der Baumrinde, Moos und Steinen sammeln. Mit den ersten Tagen des Frühlings zeigen sie sich auf der Rinde, in den Lüften, im Wasser und unter der Erde, in Blumen, auf Blättern, am Stengel unter der Rinde, und im faulen Holze, an den Wurzeln, in den Pilzen, Schilfstängeln und Erdlöchern, im Moose unter altem Laube, auf Steinen und unter dem Aase, an Flussufern und in den Teichen kann man sie finden. Zu Anfang des Frühlings kommen vorzüglich die Aas-, Mist- und Staubkäfer vor. Mit der vorrückenden Jahreszeit stellen sich auch die Blatt-, Blumen- und Holzkäfer ein.

Die Bork- und Ohrkäfer erscheinen im Hochsommer und jenen folgen die nussfressenden Rüsselkäfer. Die Larven der Käfer und ihre Nymphen kommen grösstentheils unter der Erde und an andern verborgenen Orten vor, so dass man sie weit seltner als die vollendeten Käfer auffindet. Viele Käfer kann man mit der blossen Hand auffangen.

Schwimmkäfer, so wie jene, welche sich in den Gebüschen und an den Blumen auf den Wiesen verbergen, werden mit dem Hamen gefangen. Der Hamen besteht aus einem von starkem Eisendraht verfertigten Ringe von ungefähr 1' Durchmesser, an dem sich ein Leinwandsack von 12 bis 15" Länge findet. Der Hamen muss so eingerichtet sein, dass er sich auf denselben Stock befestigen lässt, auf welchem man beim Fangen der Schmetterlinge das dazu bestimmte Netz aufsteckt. Um die an den Blumen verborgen sitzenden Käfer und andere Insecten zu bekommen, streift man während des Gehens mit dem Hamen so durch die Pflanzen, dass dabei der Sack des Hames nach abwärts hängt. Von Zeit zu Zeit entleert man denselben seines Inhaltes. Um die auf Bäumen oder Sträuchern befindlichen Käfer zu bekommen, stelle man einen geöffneten Regenschirm verkehrt unter den Baum oder Strauch, oder man breite das weisse Tuch an der Stelle aus, und schüttelt dann den Baum oder Strauch, oder schlage mit einem Stock daran. Alle Käfer, man mag sie nun auf was immer für eine Art gefangen haben, wirft man in ein mit Spiritus gefülltes Fläschchen, wo sie sehr schnell getödtet werden. In diesem Fläschchen können sie nun eine Zeit liegen bleiben bis man sie für die Sammlung zubereiten und derselben einverleiben will. Um sie für die Sammlung zuzubereiten, nehme man eine Partie der in Spiritus befindlichen Käfer mittelst einer Pincette heraus und lege sie vorsichtig auf ein Blatt Papier, damit sie theilweise abtrocknen können. Sodann spiesse man sie auf Insectennadeln, deren Stärke der Grösse des Käfers angemessen ist.

Die Nadel wird durch die rechte Flügeldecke gesteckt, so dass sie unten zwischen dem zweiten und dritten Fusspaare herauskommt; dabei wird sie so tief eingeführt, dass nur ungefähr ein Drittel ihrer Länge über die Flügeldecke emporragt. Käfer, welche so klein sind, dass sie durch das Durchstecken einer Nadel zerstört würden, werden zuerst auf ein kleines Blatt Papier, welches die Form eines gleichschenkeligen Dreieckes hat, geklebt und dann steckt man die Nadeln durch das Papier, um den Käfer nicht zu verletzen. Nun müssen die Theile des Käfers erst in die gehörige Lage kommen. Man steckt zu diesem Ende den Käfer entweder auf ein Spannbrett, wie sie bei den Schmetterlingen verwendet werden, oder auf ein anderes Brett von weichem Holz auf Kork, drückt die Flügeldecken fest an den Leib und bringt die Fühler und die Füsse mit Hilfe der Pincette und Nadeln in die gehörige Lage, in welcher man die Käfer, bevor sie der Sammlung einverleibt werden, an einem schattigen Orte trocknen lässt. Damit die Käfer in der Folge, wenn sie der Sammlung einverleibt sind, nicht durch Insecten angegriffen werden, ist es gut, wenn man in den Spiritus, in welchem sie beim Fangen geworfen werden, um sie zu tödten, *lign. quassiae* (Quassienholz) digerirt.

Zum Aufbewahren der Käfer-Sammlungen dienen viereckige Kästchen mit abhebbaren Deckeln, welche luftdicht schliessen, um das Eindringen des Staubes und schädlicher Insecten zu verhindern.

Sowohl die Kästchen als auch die Deckel, in welche letztere ebenfalls die Insecten gesteckt werden, müssen eine Höhe erhalten, welche die der längsten Insectennadeln noch ungefähr um $1/8$ bis $1/4''$ übertrifft. Auch in einfachen Laden, welche in einem mit Thüren gut verschliessbaren Kasten eingeschoben werden können, kann man sie so wie die übrigen Insectensammlungen aufbewahren. Damit die leicht verbiegbaren Insectennadeln dennoch fest in den beiden zum Aufbewahren bestimmten Kästen gesteckt werden können, so muss der Boden früher mit einer weichen Lage überzogen werden, welche die Eigenschaft hat, dass die Nadeln leicht in dieselbe eindringen können. Man benützte zu diesem Zwecke früher Kork, welcher aber aus mehreren Gründen verwerflich ist. Eine sehr gute Bodenlage wird man bekommen, wenn man von ziemlich dicker Pappemasse, wie man sie in Wien in Moser's Pappendeckelfabrik zu diesem Zwecke bekommt, einen Boden schneidet, denselben in den Kasten mittelst Drahtstiften oder Leim befestiget, und dann entweder mit feinem Papier oder mit einer dünnen Farbe überzieht.

Die Käfer werden reihenweise nach einem bestimmten System in diese Laden gesteckt, wobei man gewöhnlich zwei von einer Species (Männchen und Weibchen) nebeneinander folgen lässt. Unter jeder Species wird mit derselben Nadel eine kleine Etikette blos mit Angabe des Fundortes befestigt.

Die einzelnen *Genera* kann man dann durch grosse, mittelst eigener Nadeln befestigter Etiketten von einander trennen. Wenn man die Käfer in Spiritus, welcher auf die früher angegebene Weise bereitet wurde, getödtet hat, so werden sie von keinem Raubinsect mehr angegriffen, selbst wenn sie von ganzen Schaaren umgeben sind, und man hat sie daher nur noch vor Staub zu schützen.

b) **Schmetterlinge.** Schmetterlinge kann man sich auf zweierlei Weise verschaffen, entweder durch den Fang oder durch Erziehung aus Raupen. Obwohl die letztere Art viel schwieriger und mühsamer ist, als die erstere, so ist es endlich doch nur der alleinige Weg, um vollkommen reine und schöne Exemplare für seine Sammlung zu erhalten. Beim Fangen der Schmetterlinge bedient man sich gewöhnlich des Netzes, welches ähnlich dem Hamen ist, den wir beim Käferfangen kennen gelernt haben, und sich von demselben nur dadurch unterscheidet, dass der an dem Drahtringe befindliche Sack aus Flor oder einem ähnlichen dünnen Zeuge ist.

Sobald ein Schmetterling entweder im Sitzen oder im Fluge gefangen wurde, macht man eine Wendung mit dem Netze, damit sich der Sack desselben umbiegt und der Schmetterling nicht mehr entwischen kann. Sodann fasst man das Netz mit der linken Hand und sucht mit dieser und der rechten jede Bewegung des Schmetterlinges zu vereiteln. Während man ihn zwischen dem Daumen und dem Zeigefinger der linken Hand an der Brust drückt, steckt man ihm eine Nadel durch die Brust und bringt ihn in eine Schachtel, deren Boden mit Korkstücken belegt ist. Da sich die grösseren Nacht- und Dämmerungsfalter nicht so leicht durch den blossen Druck tödten lassen, so kann man eine schnellere Tödtung dadurch bewirken, dass man die Nadel früher in starken Tabaksaft taucht. Man kann zu diesem Behufe sich mittelst Weingeist aus Tabak einen Extract bereiten, die Nadel wiederholt darein tauchen und wieder trocknen lassen und sie dann zum Gebrauche aufbewahren. Auch mittelst eines Tropfen des zum Tödten der Käfer gebrauchten Alkohols können sie leicht getödtet werden.

Damit man nicht bei jedem einzelnen Schmetterlinge das Nadelbehältniss herauszunehmen braucht, versieht man sich mit einem kleinen Nadelkissen, in welches man vor der Excursion eine Anzahl der verschiedenen Insectennadeln, die man verwendet, steckt. Während der Excursion befestigt man dieses Kissen am besten mittelst einer Schlinge an einem Rockknopfe.

Von einer Excursion nach Hause gekommen, kann man nun entweder gleich zum Ausspannen der Schmetterlinge schreiten, welches auf die unten angegebene Weise geschieht, oder man kann dieselben auch früher trocknen lassen, und sie erst später, wenn man mehr Musse hat, spannen.

In dem Späteren wird gezeigt werden, wie man in beiden Fällen zu verfahren hat.

Will man ganz reine Exemplare für seine Schmetterlingsammlung erhalten, so wird man, wie schon früher bemerkt wurde, am besten thun, auch Raupen und Puppen zu sammeln, und die ersteren zu erziehen.

Für eine vollständige Schmetterlingsammlung ist ohnehin erforderlich, dass jedem einzelnen Schmetterlinge seine Eier, Raupen, Puppen und Gespinnste beigegeben sind, um so bei jedem einzelnen die verschiedenen Stadien seiner Metamorphosen betrachten zu können. Besonders ist diese Vollständigkeit bei jenen Schmetterlingen wünschenswerth, deren Raupen sehr schädlich sind. Es soll daher im Nachfolgenden auch von dem Einsammeln der Raupen und Puppen, von ihrer Aufbewahrung und von dem Erziehen der Schmetterlinge aus Raupen die Rede sein.

Wenn mann schon in den ersten Frühlingstagen Excursionen unternimmt, so wird man in denselben wohl wenig Schmetterlinge im Freien antreffen, desto mehr wird man sich daher zu jener Zeit mit dem Aufsuchen der Raupen und Puppen beschäftigen. Die ersteren werden noch allenthalben unter dürrem Laube, unter Baumrinde etc. verborgen sein. Um die etwa im dürren Laube versteckten Raupen aufzufinden, spannt man den Schirm auf, wirft in denselben einige Hände voll Laub, schüttelt dasselbe tüchtig durch, wodurch die Raupen zusammengerollt in den Schirm fallen. Die Blätter werden hierbei mit demselben entfernt. Auch unter grossen hohlen Steinen, unter dem Moose, bei Mauern und in hohlen Bäumen wird das Nachsuchen oft von sehr gutem Erfolge sein. In späterer Zeit wird man auch auf Bäumen, Sträuchern und verschiedenen Pflanzen Raupen antreffen. Namentlich darf man die Weiden, Eichen, Nesseln nicht ausser Acht lassen. Auch wird man bei vorgerückter Jahreszeit den Hamen, welchen wir bei dem Fange der Käfer kennen gelernt haben, auf gleiche Weise zum Fange der Raupen benützen können.

Die aufgefundenen Raupen sperrt man in ein Behältniss, welches die Verlängerung der Botanisirbüchse bietet, oder in verschiedene Schachteln mit durchlöcherten Deckeln, welche man zu diesem Zwecke mit sich führt. Man darf nicht zu viel und zu verschiedenartige Raupen in eine Schachtel geben, weil sie sich leicht beschädigen. Auch bei der Berührung starkbehaarter Raupen muss man einige Vorsicht gebrauchen, weil zu gewissen Zeiten die Haare leicht abspringen, und dann an empfindlichen Hautstellen unangenehmes Jucken und eine leichte Entzündung hervorrufen können.

Sind die Raupen dazu bestimmt, Schmetterlinge daraus zu ziehen, so muss man auch auf die zu ihrer

Fütterung nöthige Pflanze, welches meistens die ist, auf welcher man sie antrifft, ein besonderes Augenmerk haben. Um Puppen aufzufinden, braucht man nur in den ersten Tagen des Frühlings, sobald die Erde aufgethaut ist, den Boden um die Baumstämme herum einige Zoll tief aufzugraben; auch zwischen den Baumwurzeln wird man viele antreffen. Zu den gehaltreichsten Puppenplätzen gehören gewöhnlich einzeln stehende grosse Bäume, so wie das Moos am Fusse der Bäume.

An den angegebenen Orten wird man vorzüglich die Puppen der Abend- und Nachtfalter treffen.

Die aufgefundenen Puppen giebt man in eine mit weichem Moose locker gefüllte Schachtel.

Zu Hause werden die aus der Erde gegrabenen Puppen in einer grösseren Schachtel, deren Boden einige Zoll hoch mit gesiebter und angefeuchteter Erde bedeckt ist, auf diese gelegt, oder sie werden mit feuchtem Moose bedeckt.

Der Deckel dieser Schachtel muss durchlöchert sein, auch kann derselbe aus dem gleichen Zeuge wie die Schmetterlingsnetze bestehen. Damit die Schmetterlinge leicht auskriechen und ihre Flügel gehörig entfalten können, ist es gut, wenn die innere Wand der Schachtel rauh ist, oder wenn man einige Reisigsprossen hineinstellt, an welchen sie dann auskriechen können.

Die zum Erziehen von Schmetterlingen bestimmten Raupen kommen in einen eigenen aus Holz verfertigten Raupenkasten, dessen abhebbarer Deckel mit dem Kasten genau zusammenpassen muss, und im Innern bei dem Zusammenstoss mit dem Kasten keine Vorsprünge bilden darf, weil sonst die Raupen dieselben benützen, um dort ihr Gespinnst anzulegen, und dadurch das Oeffnen des Deckels verhindern würden. Damit Luft und Licht eindringen können, müssen im Deckel und an den Seitenwänden Oeffnungen angebracht werden, deren Verschluss am besten mittelst eines feinen Drahtgitters bewirkt wird. Dieser Kasten kann im Innern in mehrere Abtheilungen getheilt sein. Bei jenen Raupen, welche sich gerne unter der Erde verpuppen, muss der Boden des Behältnisses mit gesiebter angefeuchteter Erde oder angefeuchtetem Moose bedeckt sein. Jede Raupenart bekommt das ihr angemessene Futter in hinreichender Menge täglich in ihr Behältniss, wobei man immer die Abfälle des früher gereichten Futters entfernt. Jene Raupen, welche sich verpuppen, lasse man, wenn sie nicht leicht zu entfernen sind, ohne sie zu berühren an ihrem Platze, die sich aber leicht entfernen lassen, bringe man in den Puppenkasten.

Da mit Ende des Herbstes sich nicht alle Raupen einspinnen, sondern als solche überwintern, so fülle man zu der Zeit, wo man kein Futter mehr bekommt, die Behältnisse leicht mit Moos und stelle den Raupenkasten während des ganzen Winters an einen ungeheizten Ort, von wo man ihn erst dann wieder entfernt, wenn der neu erwachte Frühling wieder die Pflanzen hervorgerufen hat, welche man zur Fütterung braucht. Man entfernt dann wieder das Moos, und behandelt die Raupen wie früher.

Die Puppen aus noch unbekannt gewesenen Raupen müssen von den übrigen abgesondert, und jeder Species muss eine Nummer beigegeben werden, welche sich auf ein darüber zu führendes Tagebuch bezieht.

Die aus den Puppen gekrochenen Schmetterlinge lasse man so lange ruhig sitzen, bis sich ihre Flügel gänzlich entwickelt, und die gehörige Festigkeit erlangt haben, worauf man sie eben so behandelt, wie die eingefangenen.

Die Schmetterlinge werden gewöhnlich mit ausgebreiteten Flügeln in der Sammlung aufgestellt.

Zum Ausbreiten der Flügel dienen die Spannbretter.

Ein solches Brett besteht aus zwei Leisten von ungefähr 3′ Länge, 3 bis 4″ Breite und $^3/_4$″ Dicke, welche an ihren beiden Enden mittelst Querleisten so verbunden sind, dass zwischen beiden $^1/_4$ bis $^3/_4$ Zoll Zwischenraum bleibt, nach der Grösse der aufzuspannenden Schmetterlinge. Auf der Leistenseite werden über den Spalt Streifen von der oben angegebenen Pappendeckelmasse mit einigen Drahtstiften angeheftet, und dann durch die darüber zu heftenden Querleisten festzuhalten.

Diese Spannbretter haben das Gute, dass man sie leicht zerlegen und wieder zusammensetzen kann, um sie der Grösse der aufzuspannenden Schmetterlinge anzupassen.

Die auszuspannenden Schmetterlinge werden so in die Vertiefung gesteckt (*Fig. 8*), dass die ausgebreiteten Flügel flach auf den beiden Brettchen aufliegen. Um die Flügel gehörig auszubreiten und sie dann auch in dieser Lage zu erhalten, lege man zuerst über das linke Flügelpaar einen Streifen festes Schreib- oder Zeichenpapier, dessen Breite der Grösse der Flügel angemessen sein muss, halte diesen Streifen oberhalb der Flü-

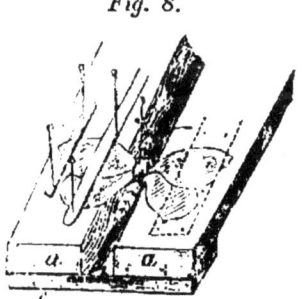

Fig. 8.

Ein Theil eines Spannbrettes für Schmetterlinge. *aa* die beiden Bretter, *b* die Pappmasse zum leichteren Stecken der Nadeln, *c* eine der Leisten zur Verbindung des Ganzen dienend. — Die Figur zeigt übrigens noch die Anordnung der Papierstreifen beim Ausspannen der Schmetterlinge.

gel mittelst einer Nadel fest, während man ihn gleichzeitig schwach gegen unten anzieht, und bringe mittelst einer Nadelspitze die Flügel in die gehörige Lage, worauf man auch unterhalb der Flügel den Streifen mittelst einer Nadel festhält. Sodann geht man zum rechten Flügelpaar über, wobei man vorzüglich darauf zu sehen hat, dass es dieselbe Lage erhält wie das andere.

Die übrigen noch freien Theile der Flügel kann man ebenfalls mit Papierstreifen, die mittelst Nadeln festgehalten werden, bedecken, um sie vor Staub und wenn die Flügel gross sind, auch vor Verkrümmung während des Trocknens zu schützen.

Die Spannbretter werden an einen luftigen, trockenen, vor Staub und Raubinsecten geschützten Ort hingestellt. Auch vor starkem Lichte müssen die Schmetterlinge sowohl während des Trocknens, als auch dann später beim Aufbewahren in der Sammlung bewahrt werden, weil sonst sehr leicht ihre Farben gebleicht und unansehnlich werden.

Da bei Schmetterlingen die Kehrseite in den meisten Fällen eine ganz andere Zeichnung und Färbung hat, so ist es gut wenn man von einer Species zwei Exemplare hat, um das eine davon auf der Kehrseite aufzustellen.

Ist man nicht gleich in der Lage, die getödteten Schmetterlinge aufspannen zu können, so dass also dieselben trocken werden, so hat dieses nichts zu bedeuten, da man sehr leicht getrocknete Schmetterlinge wieder erweichen kann. Hat man getrocknete Schmetterlinge, welche entweder noch gar nicht oder schlecht gespannt wurden, so stecke man sie in ein bis auf drei Viertel der Höhe mit stark angefeuchtetem Sande gefülltes Gefäss, und bedecke dasselbe, damit die sich entwickelnden Wasserdämpfe nicht entweichen können. In kürzerer oder längerer Zeit, je nach der Stärke der Schmetterlinge, aber meist nach einigen Stunden, wird man schon im Stande sein, die Schmetterlinge wie frisch gefangene behandeln zu können, wobei zu bemerken ist, dass die, welche so erweicht wurden, in kürzerer Zeit wieder trocknen, als die gleich nach dem Tödten gespannten.

Auf die eben angegebene Weise kann man nicht nur Schmetterlinge, sondern überhaupt alle Insecten erweichen, welche man von anderen Sammlungen bekommt, und die auf andere Nadeln gesteckt sind, als man gewöhnlich gebraucht, oder bei welchen die Nadeln durch irgend einen Zufall so gebogen wurden, dass man fürchten müsste bei dem Geradebiegen das Insect zu zerbrechen.

Schmetterlinge, welche zum Aufspannen zu klein sind, werden wie die kleinen Käfer behandelt.

Was das Ordnen und Aufbewahren der Schmetterlinge betrifft, so ist dasselbe zu bemerken, was schon bei den Käfern gesagt wurde, nur dass man die Schmetterlinge noch weit mehr vor den Angriffen feindlicher Insecten zu schützen hat, indem die Käfer hinlänglich präservirt sind, wenn man sie in dem auf die angegebene Weise bereiteten Weingeist getödtet hat.

Wird ein Schmetterling der Sammlung von Insecten angegriffen, was man sehr leicht an dem am Boden des Kastens, unterhalb des Insectes, liegenden gelben Staub erkennen kann, so nimmt man ihn heraus und benetzt ihn an der untern Seite mittelst eines feinen Pinsels mit demselben Spiritus, welchen man zum Käfertödten gebraucht.

Bevor man ihn in die Sammlung zurückbringt, muss er aber vollständig getrocknet sein, und damit er während des Trocknens die Flügel nicht senkt, ist es rathsam, ihn auf das Spannbrett zu stecken, ohne jedoch die Papierstreifen über die Flügel zu geben.

Eine Schmetterlingsammlung wird sehr viel an Interesse gewinnen, und auch weit nützlicher sein, wenn man derselben auch die Eier, Raupen und Puppen der Schmetterlinge einverleibt.

In Beziehung der Eier wurde schon früher bemerkt, dass es nöthig ist von jedem einzelnen Schmetterlinge dieselben aufzubewahren.

Diejenigen, welche man in die Sammlung aufnimmt, werden, wenn sie sich an einer Baumrinde oder einem Zweige befinden mit einem Theile der ersteren oder einem Stücke des letzteren mittelst einer Nadel in die Sammlung gesteckt, nachdem man sie früher einer Hitze ausgesetzt hat, welche hinreichend ist die Eier zu tödten.

Dieses ist nöthig, weil sonst die Räupchen auskriechen würden.

Die mehr einzeln vorkommenden Eier werden auf ein Blättchen Papier geklebt.

Raupen, welche man für die Sammlung zubereiten will, werden am besten aufgeblasen.

Das Verfahren hierbei ist folgendes:

Um die Raupen zu tödten, wirft man sie in Weingeist, wobei zu bemerken ist, dass derselbe nicht zu stark sein darf, weil sonst sich die Farben der zartgefärbten leicht ändern, auch überhaupt die Raupen zu sehr erstarren würden.

Man lässt die Raupen nur ganz kurze Zeit in dem Spiritus, worauf man sogleich zur Entleerung der Eingeweide schreitet. Man nimmt zu diesem Zwecke die Raupe zwischen ein Blatt Fliesspapier, drückt sie zuerst an dem Kopfe, und dann immer weiter nach hinten zu, dass die Eingeweide gegen den After gedrängt werden. Ist ein Theil derselben durch den After ausgetreten, so fasst man ihn mit einer Pincette und entfernt, indem man daran zieht, die sämmtlichen Eingeweide. Da die Farben vorzüglich im Zellgewebe unter der Epidermis ihren Sitz haben, so drücke man besonders bei zartgefärbten Raupen nicht zu stark, und vermeide sorgfältig jede Quetschung.

Würde der Balg bei der Entleerung beschmutzt, so kann man ihn im verdünnten Weingeiste ausspülen. In die Oeffnung, durch welche man die Gedärme entleerte, wird ein dünnes Röhrchen, wozu man einen Strohhalm benützen kann, gesteckt, und der Balg mittelst eines feinen Bindfadens oder einer feinen Insectennadel daran befestiget.

Durch dieses Röhrchen bläst man die Raupe auf, wodurch sie ihre natürliche Gestalt wieder bekommt. Damit sie aber schnell trockne, und diese Gestalt behalte, bringe man sie über eine Blechplatte, welche von unten mittelst einer Spirituslampe stark erhitzt wird, und drehe sie über diese Platte bis sie vollständig getrocknet ist.

Ist die Raupe trocken, so wird der Faden oder die Nadel, womit sie an dem Röhrchen befestiget war, weggenommen, und dieselbe mittelst Gummi auf ein getrocknetes Blatt oder auf einen kleinen Zweig oder einen Stengel ihrer Futterpflanze geklebt, durch welche man eine Nadel sticht, mittelst welcher man sie in die Sammlung stecken kann.

Das Ausstopfen der Raupen ist nicht anzuempfehlen, da es weit mehr Zeit erfordert, als das Aufblasen, und die Raupen doch weit schwerer ein schönes und natürliches Aussehen bekommen. Auch das Ausspritzen mit Wachs oder ähnlichen Stoffen ist nicht zu empfehlen.

Die Puppen tödtet man durch Hitze, der man sie einige Zeit aussetzt, worauf man sie so schnell als möglich trocknet. Ganz glatte glänzende Raupen und Puppen kann man auch mit einer sehr dünnen Lage des früher angeführten Firnisses überziehen. Jene Puppen welche sich in einem Gespinste befinden, werden aus demselben genommen, und nebst diesem in die Sammlung gegeben. Puppen können auch in dem für die Käfer bestimmten Weingeist getödtet werden, wobei man sie wenigstens einen Tag in demselben liegen lässt. Sie trocknen dann weit schneller und sind vor dem Einschrumpfen beim Trocknen und vor Insectenfrass gesichert.

In Bezug des Aufstellens in die Sammlung muss bemerkt werden, dass man entweder die Eier, Raupen und Puppen immer neben den betreffenden Schmetterling steckt, was eigentlich das Nützlichste ist, oder dass man die Raupen- und Puppensammlung abgesondert anbringt.

Abdrücken der Schmetterlinge. Wer die Kosten, welche Rahmen oder andere Behältnisse für eine Schmetterlingsammlung verursachen, ersparen will, kann sich ohne viele Mühe eine Sammlung von Abdrücken anlegen. Auch wären solche Abdrücke Jenen anzuempfehlen, welche eine gewöhnliche Sammlung anlegen, weil bei derselben oft beschädigte Exemplare oder Duplicate vorkommen, die sich sehr gut zu Abdrücken eignen. Zur Herstellung dieser Abdrücke bedarf man nichts, als eine scharfe kleine Schere, eine Pincette, ein Glas mit Gummosa und eine Anzahl Papierblätter, auf welche die Abdrücke gemacht werden sollen.

Die Gummosa verfertiget man sich, indem man vier Loth vom reinsten arabischen Gummi in einen halben Seidel Wasser auflöst, und die Auflösung durch einen reinen Leinenfleck gehen läst, damit ja durch-

keine Unreinigkeit in derselben ist. Nun zerreibt man vier Loth Stärkmehl sehr fein und mengt dasselbe mit der Gummilösung, indem man diese letztere unter beständigem Umrühren nach und nach zugiesst. Diese Mischung wird nun in einem sehr reinen Gefässe bis zur Siedhitze erwärmt und ungefähr $1/4$ Stunde in dieser Wärme erhalten, worauf man das Ganze erkalten lässt, und dann in einem reinen Glase aufbewahrt. Ueberhaupt muss bei der Bereitung der Gummosa die grösste Reinlichkeit beobachtet werden, weil sonst das Papier bei den Abdrücken Flecken bekommen würde.

Will man nun Abdrücke machen, so nimmt man das Blatt, auf welches dieselbe kommen sollen, biegt es da, wo der Leib des Schmetterlings hinkommen soll, zusammen und bestreicht, nachdem man es wieder auseinander gebogen hat, jene Stellen, an welche die Flügel kommen sollen mit der Gummosa recht gut, jedoch nicht so, dass sie zu nass sind. Dann trennt man mittelst der Scheere entweder die beiden rechten oder die beiden linken Flügel vom Schmetterling und legt sie in ihrer richtigen Lage auf das bestrichene Blatt, worauf man dieses wieder zusammenfaltet und dann abwechselnd auf beiden Seiten an jenen Stellen, unter welchen die Flügel liegen, mit dem Nagel des Daumes reibt. Je nach der Grösse und Art des Schmetterlings, und auch nach dem, ob er erst kürzlich, oder schon länger gefangen ist, dauert es kürzere oder längere Zeit, bis er sich vollständig abdruckt. Kleinere, dann Tagschmetterlinge und erst kurze Zeit gefangene drucken sich leichter und schneller ab, als Dämmerungs- und Nachtfalter, und schon länger gefangene Schmetterlinge. Um sich zu überzeugen, ob der Abdruck schon vollständig ist, darf man nur vorsichtig zwischen das zusammengefaltete Blatt hineinsehen, wobei man darauf achtet, nichts zu verrücken. Ist der Abdruck noch nicht vollständig, so schliesst man das Blatt nochmals und reibt noch an jenen Stellen, die dessen am meisten bedürfen. Nach der Vollendung des Abdruckes öffnet man das Blatt und entfernt vorsichtig mittelst der Pincette die Flügel, welche nun ganz durchsichtig sind, indem sie ihren Federstaub an das Blatt abgegeben haben.

Flügel oder Theile derselben, welche stärker angeklebt sind, lässt man indessen, bis das Blatt vollständig getrocknet ist, wo sie sich dann leicht ohne Beschädigung des Abdruckes mittelst der Pincette oder auch mit Zuhilfenahme eines Radirmesser entfernen lassen.

Sollte beim Abdrucken der Fall eintreten, dass das Blatt zusammenklebt, so dass man nach vollendetem Abdruck dasselbe nicht öffnen kann, so darf dasselbe nur von aussen befeuchtet werden, worauf es nach kurzer Zeit sich öffnen lässt.

Nach dem vollständigen Trocknen der Abdrücke werden dann die Körper und Fühlhörner der Schmetterlinge hinzugezeichnet, zu welchem Behufe man sich die Körper aufhebt, bis sie abgezeichnet sind. Sollten einzelne Stellen der Flügel nicht ganz gut abgedruckt sein, so kann man sie ebenfals leicht mittelst Farbe nachbessern. Auf die eben beschriebene Weise erhält man Abdrücke, welche auf einer Seite die Ober-, auf der andern aber die Unterflügel des Schmetterlings zeigen, wie man sie auch oft in manchen Werken abgebildet findet. Will man jedoch auf beiden Seiten die Ober- oder Unterflügel haben, so wird das Blatt vor dem Abdrucken nicht zusammengefaltet, sondern es wird der Leib nur leicht in Umrissen auf ein Blatt gezeichnet, und dann jene Stellen, an welche die Flügel kommen sollen, mit Gummosa bestrichen. Dann wird ein zweites darüber gelegt und leicht angedrückt, damit die Stelle, wo der Abdruck geschehen soll auch auf diesem zweiten Blatte bezeichnet wird. Man nimmt nun beide Blätter wieder auseinander, und bestreicht bei beiden die für den Abdruck bezeichnete Stelle mit der Gummosa, legt dann auf jenes Blatt, auf welches der Leib des Schmetterlings gezeichnet wurde, anpassend an die Zeichnung die vier Flügel des Schmetterlings, wobei man sich stets der Pincette bedient, da man durch die Berührung mit den Fingern leicht den Federstaub von den Flügeln wischen würde. Nun wird das zweite Blatt über das erste gelegt, und zwar so, dass die bestrichene Fläche auf den Schmetterling zu liegen kommt. Das fernere Verfahren ist wie bei den früheren Abdrücken. Man bekommt durch dieses Verfahren wohl zwei ganze Abdrücke, wovon der eine die Oberseite, der andere aber die Unterseite der Flügel zeigt, aber man braucht auch dazu einen ganzen Schmetterling, während man bei dem zuerst gezeigten Verfahren auch die Ober- und Unterseite der Flügel sieht, dazu aber nur eines halben Schmetterlings bedarf. Wenn man zu Abdrücken nur beschädigte Exemplare verwendet, so ist das Verfahren, bei welchem man das Blatt zusammenfaltet, vorzuziehen.

Da bei diesen Abdrücken eigentlich die Unterseite des Federstaubes sichtbar wird, da die Oberseite, welche man beim Besehen des Schmetterlingflügels wahrnimmt, beim Abdruck anklebt, so bekommen manche Schmetterlingsabdrücke eine andere Färbung, als die Originale hatten, wie dieses besonders bei jenen Schmetterlingen der Fall ist, welche eine blaue Farbe haben. Solche anders gefärbte Abdrücke lässt man sehr gut austrocknen, und schabt dann mit einem guten Radiermesser vorsichtig an den anders gefärbten Stellen, wodurch man den Untertheil der Federchen wegnimmt und den Obertheil bloss legt. In den meisten Fällen kommt dann die richtige Färbung zum Vorschein. Auch kann in solchen Fällen mit Farbe nachgeholfen werden.

c) Immen. Da viele der Immen mit einem scharfen Stachel bewaffnet sind, mit welchem sie sehr empfindliche Stiche beibringen können, so erfordern sie beim Fangen mehr Vorsicht, welche sich auch darauf ausdehnen muss, dass man immer nur einzeln herumschwärmende zu fangen sucht.

Der Fang geschieht mittelst des gewöhnlichen Schmetterlingnetzes, worauf man sie vorsichtig, ohne sie zu berühren, in das zur Aufnahme von Insecten bestimmte Spiritusfläschchen zu bringen sucht.

Will dieses nicht leicht gelingen, so kann man sie früher mittelst einer Insectennadel am Brustschilde durchbohren, und dann von der Nadel in das Fläschchen streifen.

Man kann die Immen gleich wieder herausnehmen, und an eine Nadel stecken, da sie durch den Spiritus sehr schnell getödtet werden, man kann dieses aber auch erst später zu Hause thun.

Man kann ferner den Immen die Flügel auf dem Spannbrette ausbreiten, wie dieses bei den Schmetterlingen gezeigt wurde, oder sie auch zurückgelegt lassen, was weit weniger Mühe verursacht. Nur muss man darauf sehen, dass vor dem Trocknen die Füsse in die gehörige Lage gebracht werden und dass der Hinterleib sich nicht zu sehr zusammenzieht.

Bei der Ordnung der Immen sind auch die Wohnungen dieser Thiere, so wie die durch den Stich einiger derselben erzeugten Auswüchse (wie z. B. die Galläpfel) bemerkenswerth. Beide werden eine Sammlung gewiss nur interessanter machen. In Bezug der Wohnungen der Wespen etc. muss bemerkt werden, dass man bei der Wegnahme derselben von ihrem Standorte mit der grössten Vorsicht zu Werke gehe, und sich ja früher überzeuge, dass sie von den Insecten verlassen sind.

Man umgebe die Wohnung auch mit dem Schmetterlingsnetze, wo man dann leicht die etwa sich zeigenden Immen tödten kann, oder schliesse sie, wie das bei dem an einem Zweige hängenden, kugelförmigen Bau der gemeinen Wespe möglich ist, schnell zwischen die beiden Hälften einer Schachtel ein. Befinden sich noch Wespen in den Zellen, so wird das Geräusch und Summen sie schnell genug verathen. In einem solchen Falle lasse man die Schachtel sorgfältig verschlossen, und leite dann zu Hause Schwefeldampf hinein, wodurch sie bald getödtet werden.

Die oben erwähnten Auswüchse setze man zuerst einer starken Hitze aus, um die darin enthaltenen Insecten zu tödten.

Die Wohnungen, so wie die erwähnten Auswüchse werden mittelst starker Nadeln in die Sammlung gesteckt, und zwar am besten neben das betreffende Insect. Was das Aufbewahren und Ordnen der Immen anbelangt, so ist dasselbe wie bei den Käfern zu bemerken.

d) Fliegen. In der wärmeren Jahreszeit sind diese Insecten fast überall anzutreffen. Die Fliegen fängt man mit dem Schmetterlingnetze und steckt sie an eine Insectennadel von angemessener Stärke, wobei man darauf sieht, dass dieselbe durch die Mitte des Bruststückes geht. Man kann sie schneller tödten, wenn man sie in Weingeist wirft, oder einen Tropfen desselben auf sie gibt, wenn sie an die Nadel gesteckt wurden.

Vor dem Trocknen muss man auch noch darauf achten, dass alle gleich hoch an den Nadeln stecken, und dass die Flügel und Füsse die gehörige Lage haben. Sollten die ersteren sich in die Höhe biegen, so kann man leicht dadurch abhelfen, dass man das Insect in die Rinne des Spannbrettes steckt, es in gleiche Fläche mit demselben bringt, und die Flügel durch einen Glas- oder Papierstreifen niederhält.

e) Die Netz-, Gerad- und Halbflügler.

Die Insecten dieser drei Ordnungen sind ausserordentlich verschieden, und eben so ist es auch ihr Aufenthalt. Ihr Fang, so wie ihre Zubereitung vor der Aufstellung in der Sammlung ist verschieden, je nachdem sie geflügelt oder flügellos sind. Zum Fangen der geflügelten (Libellen, Heuschrecken etc.) bedient man sich am besten des Schmetterlingsnetzes, die andern greift man mit der blossen Hand und wirft sie in das Spiritusfläschen, in welches auch die Heuschrecken, Grillen und Maulwurfsgrillen u. s. w. kommen.

Die Libellen tödtet man durch einen leichten Druck an der Brust und steckt sie dann an eine Insectennadel, welche mitten durch das Bruststück gehen soll. Die Libellen werden auch wie die Schmetterlinge aufgespannt und auf gleiche Weise aufbewahrt.

Von einigen sind auch die Larven oder deren Gehäuse in der Sammlung aufzubewahren. Raupenartige Larven können wie die Raupen, käferähnliche aber wie Käfer behandelt werden. Unter den Heuschrecken giebt es viele, deren Unterflügel eine ganz andere Färbung zeigen als die Oberflügel. Aus diesem Grunde ist es daher gut, von Specien, bei denen dieses der Fall ist, je zwei Exemplare der Sammlung einzuverleiben, ein Exemplar mit geschlossenen, das andere mit geöffneten, nach Art der Schmetterlinge gespannten Flügeln.

Die Baumwanzen, Blatt- und Schildläuse werden, nachdem man sie aus dem Spiritusfläschchen, in welches sie beim Fange wegen des Tödtens geworfen wurden, herausgenommen hat, auf ein Blatt Fliesspapier gelegt, damit sie übertrocknen, worauf sie an eine durch die Mitte des Bruststückes gehende Insectennadel von entsprechender Stärke gesteckt werden.

Jene Insecten dieser beiden Ordnungen, welche wegen ihrer Kleinheit nicht leicht, ohne sie zu beschädigen, aufgespiesst werden können, klebt man früher auf ein dreieckiges Stückchen starken Papieres, und durchsticht sodann nur dieses mit der Nadel.

Was schon bei den Käfern und Schmetterlingen in Beziehung des Ordnens und Aufbewahrens gesagt wurde, gilt auch von den Insecten dieser beiden Ordnungen. Jene, welche in Spiritus getödtet wurden, in welchem man Quassienholz digerirte, wie dieses früher bemerkt wurde, werden vor den Angriffen feindlicher Insecten gesichert sein, wenn sie auch von noch so vielen derselben umgeben sind; man hat sie daher nur vor Staub zu schützen, die übrigen muss man aber auch sorgfältig vor Insecten bewahren.

Arachniden.

Von den Arachniden wollen wir vorzüglich die eigentlichen Spinnen betrachten, indem die übrigen Thiere dieser Classe entweder wie diese, oder wie die Insecten behandelt werden. Die Spinnen werden entweder mit der blossen Hand gefangen, oder man streift sie gleich in das Spiritusfläschchen, oder man nimmt auch das Schmetterlingsnetz oder den Hamen zu Hilfe.

Nachdem man sie zu Hause aus dem Spiritus genommen hat, kann man sie auf zweierlei Art bereiten. Bei beiden Arten wird die entsprechend starke Insectennadel durch das Bruststück gesteckt. Bei der ersten Bereitungsart bringt man nun die Spinne über das, bei der Raupenpräparation benützte erhitzte Blech und hält sie dabei in einiger Entfernung von dem Bleche, bis man sieht, dass der Hinterleib der Spinne zusammenfällt, und Falten bekommt. Tritt dieses ein, so nähert man die Spinne rasch dem Bleche und zwar so weit, dass die Nadelspitze das Blech berührt. Durch den Einfluss der Wärme wird nun der Hinterleib ausgedehnt. Ist dieses geschehen, so ziehe man langsam die Spinne wieder zurück, weil sonst durch den fortdauernden Einfluss der Wärme der Hinterleib zerplatzen würde. Man muss auch darauf sehen, dass die Füsse vor dem gänzlichen Austrocknen der Spinne ihre gehörige Lage haben.

Bei der zweiten Bereitungsart wird, nachdem man die Nadel durch das Bruststück gesteckt hat, die dünne Verbindung desselben mit dem Hintertheil mittelst einer Scheere durchschnitten. Der an der Nadel befindliche Theil wird nun auf das Spannbrett gebracht, die Füsse ausgebreitet und an der Luft getrocknet. In den Hinterleib steckt man da, wo die Verbindung mit dem Vordertheil war, ein Stück sehr feinen Drahtes. Nun nähert man den auf dem Drahte steckenden Hinterleib vorsichtig dem früher erwähnten erhitzten Bleche, bis der Leib anschwillt und dann trocknet, wobei man ebenfalls acht haben muss, dass er nicht durch zu starke Hitze platze. Mittelst des aus dem Hinterleibe hervorstehenden Drahtstückchens wird der Hinterleib an dem Bruststücke befestiget, nachdem man früher den Draht gehörig verkürzt und des besseren Haltens wegen etwas mit einer starken Gummilösung überstrichen hat. Diese zweite Bereitungsart ist in den meisten Fällen vorzuziehen.

Die Arachniden werden in eben solchen Kästen, wie die Insecten aufbewahrt, und es ist in Beziehung des Ordnens ebenfalls dasselbe wie bei diesen zu bemerken.

Crustaceen.

Die Thiere dieser Classe sind in unseren Gegenden nicht sehr zahlreich vertreten. Was ihre Tödtung betrifft, so geschickt dieselbe in Spiritus, der jedoch nicht zu stark sein darf. Ueber die Bereitungsart der einzelnen Species lassen sich im Allgemeinen keine Vorschriften geben, da dieselbe sich nach der Beschaffenheit und Gestalt des Thieres richtet und daher sehr verschieden ist. Man kann nur bemerken, dass nachdem die Thiere in Weingeist getödtet sind, man sie einige Zeit in demselben liegen und dann so schnell und vollständig als möglich austrocknen lasse.

Einige, wie die Tausendfüsse und dergleichen, werden bloss wie Insecten behandelt, bei anderen, wie z. B. bei dem Flusskrebs nimmt man früher eine Entleerung der Eingeweide vor. Man löset bei grösseren Crustaceen die Schale, welche den oberen Theil des Körpers bedeckt, bei anderen trennt man den Schwanz vom Vordertheile des Leibes, worauf man durch die dadurch entstandene Oeffnung alle weicheren Theile entfernt.

Bei solchen, welche so grosse Scheeren wie die Hummern haben, muss man auch diese reinigen, was sehr leicht geschehen kann, wenn man dieselben vorsichtig aus ihren Gelenken löst.

Nach der Entleerung werden alle Theile mittelst Gummi, besser aber mittelst Leim zusammengeklebt, das Thier wird auf ein Brett gebracht, um ihm die gehörige Stellung zu geben, in welcher man es trocknen lässt.

Nach dem Trocknen überzieht man alle Theile mit einer Lage des angegebenen Firnisses, der dann gleichzeitig die Stelle eines Präservatives vertreten kann.

Einige Species der Crustaceen lassen sich nicht anders als in Spiritus, welchen man aber verdünnen kann, aufbewahren.

Was das Aufbewahren der Crustaceen betrifft, so werden diejenigen, welche nicht im Weingeist sind, in Laden gegeben, deren Höhe nach der Grösse der Thiere sich richtet, und in welchen sie mittelst Nadeln befestigt werden. Jedem einzelnen Thiere wird eine Etiquette beigegeben, die einzelnen Ordnungen werden aber durch grössere vorgesteckte Etiquetten getrennt.

Bei denen, die im Weingeist aufbewahrt sind, wird die Etiquette auf das, das Thier enthaltende Glas geklebt.

Würmer.

Die Würmer können nur in Weingeist aufbewahrt werden. Da sie sich aber im reinen Weingeiste zu sehr zusammenziehen, so thut man am besten, reinen Weingeist mit gleicher Menge destillirten Wassers zu mischen. Hat man kein destillirtes Wasser, so kann auch gewöhnliches genommen werden, man muss aber dann die Mischung in einer Flasche längere Zeit ruhig stehen lassen weil sich in diesem Falle gewöhnlich Niederschläge bilden, von denen man die Mischung vorsichtig abgiesst und sie am Boden zurück lässt.

Nachdem man die Würmer in verdünntem Weingeist getödtet hat, lässt man sie einige Zeit darin liegen und reiniget sie dann von allem daran haftenden Schleim und Schmutz, worauf man sie in die zur Aufbewahrung bestimmten Gläser bringt, welche dann noch nach dem Verschliessen mit Etiquetten versehen werden.

In Beziehung der Eingeweidewürmer ist zu bemerken, dass deren Auffinden mit keinen Schwierigkeiten verbunden ist. Die Section eines Thieres, behufs der Auffindung von Eingeweidewürmern nimmt man auf einem schwarz angestrichenen, in der Mitte mit einer Vertiefung versehenem Brette vor. Man macht, nachdem man das Thier vor sich auf den Rücken gelegt hat, einen Einschnitt vom Anfange der Brust bis zum Schambein, wobei der Brustknorpel durchschnitten wird und dann noch zwei Schnitte vom Ende des Brustbeins gegen die Weichen, legt die Lappen des Schnittes zurück und entblösst die Eingeweide. Zuerst sieht man nun, ob sich nichts zwischen den Eingeweiden befindet, sodann hebt man, nachdem die grösseren Gefässe, der Mastdarm etc. durchschnitten wurden, die sämmtlichen Baucheingeweide aus der Bauchhöhle. Nun wird jedes einzelne Eingeweide aufgeschnitten und untersucht, wobei eine Schere, deren eines Blatt in ein Köpfchen endiget, sehr gute Dienste leistet. Auch in den Eingeweiden der Brust, ja selbst im Gehirne, wie z. B. bei drehkranken Schafen finden sich derlei Thiere. Die unter der Haut befindlichen liegen meist frei, oder sie sind nur leicht vom Zellgewebe umhüllt. Manche Würmer sind frei in den Organen, andere hängen auf verschiedene Weise in denselben fest oder stecken in denselben. Zum Loslösen derselben bedient man sich eines Pinsels und zwar geschieht es wo möglich unter Wasser. Alle aufgefundenen Würmer werden, um sie vom Schleime zu befreien, im Wasser abgespült, wo sie auch bald sterben, worauf sie in die zur Aufbewahrung bestimmten Gläser gegeben werden.

Bauch- oder Schleimthiere.

Wir wollen hier zunächst vorzüglich der Schnecken und Muscheln (Conchilien) erwähnen. Bei beiden wird in der Regel nur das Gehäuse aufbewahrt, nachdem man das darin enthaltene Thier früher getödtet und daraus entfernt, das Gehäuse aber gereinigt hat.

Bei den Excursionen steckt man die aufgefundenen Conchilien in einen ledernen oder auch leinenen Sack, in welchen man Moos oder Laub gibt, damit dieselben sich nicht durch Zusammenstossen beschädigen. Sehr zarte Stücke giebt man am Besten gleich in ein mit Spiritus gefülltes Glas mit weiter Oeffnung. Die im Wasser befindlichen Muscheln kann man mit dem zum Käferfange bestimmten Hamen herausholen.

Die günstigste Zeit zum Einsammeln der Conchilien ist eigentlich der Herbst, obwohl man auch jede andere von den ersten Frühlingstagen angefangen dazu benützen kann. Man suche sie in Wäldern und Gebüschen an schattigen und bemoosten Stellen, unter Steinen und Laub, an Felsen, in Seen, Teichen und Sümpfen besonders an den in denselben befindlichen Wasserpflanzen. Die in den Schneckenhäuschen und Muscheln befindlichen Thiere werden durch Hineinwerfen in siedendes Wasser am schnellsten getödtet, worauf sie dann auch sehr leicht aus dem Gehäuse entfernt werden können. Sollte sich der an dem letzteren befindliche Schmutz nicht ganz gelöset haben, so suche man ihn mit Hülfe einer nicht zu weichen, einer Zahnbürste ähnlichen Bürste zu entfernen. Bei besonders fest haftendem Schmutze kann man auch die betreffenden Stellen mit verdünnter Salpetersäure reinigen, wobei man aber acht zu geben hat, dass die Säure nicht zu lange einwirke, und dass dann das Gehäuse noch gehörig im Wasser ausgewaschen wird. Man kann auch nach dem angegebenen Reinigen dasselbe mit einem reinen Oele einreiben, um ihm ein frisches Aussehen zu geben. Es darf aber nur so viel Oel genommen werden, dass nach dem Einreiben ein reines Papier nicht dadurch beschmiert wird. Die einzelnen Conchilien werden nun in eigenen Pappkästchen von höchstens $1/2$" Höhe auf eine Unterlage von Watta gegeben, wobei aber zu bemerken ist, dass man sehr kleine Exemplare auf ein in das Kästchen passendes Blatt Papier kleben kann. Jedes Kästchen erhält dann eine Etiquette. Die einzelnen Kästchen werden nun in Laden systematisch geordnet aufgestellt.

Wollte man die Mollusken vollständig, d. h. das ganze Thier und nicht blos das Gehäuse aufbewahren, so bliebe nichts Anderes übrig, als dieselben in Spiritus zu setzen.

Die nackten Weichthiere können auf keine andere Weise als in Gläsern mit Spiritus aufbewahrt werden. Sie werden zu diesem Zwecke zuerst in reinem Wasser sorgfältig ausgewaschen, dann in Gläser mit nicht zu starkem Spiritus gegeben, den man nach einiger Zeit abgiesst und sogleich wieder erneuert. Die, das Glas verschliessende Glastafel wird sodann mittelst Glaserkitt aufgekittet, das Glas mit einer Etiquette versehen, und in die Sammlung eingereiht.

Strahlthiere und Polypen wollen wir hier unter einem abhandeln. Entweder können sie getrocknet, und dann ähnlich wie die Mollusken aufbewahrt, oder sie müssen in Spiritus gesetzt werden.

Bei welchem das eine oder das andere stattzufinden habe, muss der Anblick und die Beschaffenheit des Thieres zeigen, so wie die Erfahrung dann manches noch lehren wird, was hier nicht speciell aufgeführt werden kann.

Die Infusorien, welche sich durch ihre Kleinheit nicht für Sammlungen eignen, werden deswegen auch nicht in dieselben aufgenommen. Wollte sich jedoch Jemand damit befassen, so könnten sie nur auf folgende Weise aufbewahrt werden.

Man verfertigt sich aus Thermometerröhren Glaskugeln von einigen Linien Durchmesser, an welchen sich noch ein dünngezogenes Röhrenstückchen von 1 bis 3 Linien Länge befindet.

Hat man nun eine Flüssigkeit, in welcher sich Infusorien, die man aufbewahren will, befinden, so giebt man so viel als ungefähr eine solche Kugel fasst, in ein kleines Gläschen, setzt einen Tropfen starken Alkohol zu, erwärmt die Kugel, in welcher die Aufbewahrung geschehen soll, um die Luft daraus zu vertreiben und steckt sie dann mit dem Röhrenansatz nach unten in die Flüssigkeit. Beim Erkalten der Kugel wird sich dieselbe füllen, worauf man schnell das Röhrenende zuschmilzt. Die in den Glaskügelchen befindlichen Infusorien werden sich zwar erhalten, sie sind aber nicht leicht mikroskopisch zu untersuchen. Man kann daher auch beim Blasen der Glaskugeln dieselben zwischen zwei parallel und senkrecht gestellten Metallplatten bringen, wodurch sie dann die Form von Fläschchen mit zwei parallelen Seitenflächen erhalten, und weit besser verwendet werden können.

PFLANZEN.

Das Sammeln der Pflanzen verursacht wohl wenig Mühe, desto mehr aber das Einlegen und Trocknen derselben. Bei Ausflügen, welche man Behufs des Einsammelns von Pflanzen macht, bedient man sich einer Botanisirbüchse und eines Botanisirmessers, bei dem Einsammeln von Flechten, um dieselben von dem Gestein abzulösen, ebenfalls eines Messers oder Meissels und Hammers. Das Messer, welches zum Ausgraben der Pflanzen dient, soll weder von zu weichem noch zu hartem Stahl sein, damit es sich nicht leicht biege und auch nicht leicht abspringe. Die Klinge desselben ist am besten zweischneidig, bei 6″ lang und ohne scharfe Spitze. Zum Botanisiren eignet sich ausser den strengen Wintermonaten jede Jahreszeit. Man suche beim Botanisiren jede Pflanze so vollständig als möglich zu erhalten; d. h. mit Wurzel, möglichst reinen Blättern und Blüthen, und wenn es möglich ist, auch mit Früchten, welches letztere besonders bei den Umbelliferen, Cruciferen und Gräsern wichtig ist. Von jeder einzelnen Pflanze nehme man, wenn es möglich ist, zwei Exemplare, da leicht eines oder das andere bei dem Trocknen misslingt. Bevor man eine Pflanze in die Büchse legt, soll sie von aller an den Wurzeln klebenden Erde und von allem übrigen Schmutz gereinigt, und wenn sie von Thau oder durch Regen durchnässt ist, getrocknet werden. Solche Pflanzen, welche länger sind als die Botanisirbüchse, werden nach Erforderniss ein- bis zweimal umgebogen. Es ist gut, wenn man beim Einlegen der Pflanzen in die Büchse darauf sieht, dass alle Wurzeln, also auch alle Blüthen nach ein und derselben Seite zu liegen kommen, was besonders zur Schonung der letzteren beiträgt. Bei einigen Pflanzen aber fallen die Blüthen so leicht ab, dass es gut ist, sie gleich nach ihrer Ausgrabung einzulegen, zu welchem Zweck man ein mit einer Anzahl Papierbogen gefülltes Portefeuil, welches mittelst Schnüre oder eines Riemens zugeschlossen werden kann, mit sich führt. Zwischen diese einzelnen Bogen werden alle jene Pflanzen, welche leicht abfallende Blüthen haben, gleich an Ort und Stelle, nachdem man sie gehörig gereinigt hat, vorläufig eingelegt. Da man meistens nicht sogleich nach einer Excursion die gesammelten Pflanzen einlegen kann, so lasse man dieselben in der Botanisirbüchse, oder sollte man befürchten, dass dieselben zu welk werden, so kann man sie herausnehmen, leicht mit Wasser besprengen und an einen kühlen Ort legen. Zum Einlegen der Pflanzen kann man sich des Maculaturpapiers bedienen, aber zarte und farbenreiche Blumen werden sich nur in Schreibpapier oder anderem gut geleimten Papier halten. Fliesspapier kann nur zu den Zwischenlagen benützt werden. Beim Einlegen lege man vier oder mehrere Bogen übereinander, lege auf den letzten derselben eine der einzulegenden Pflanzen und breite sie so aus, dass alle ihre Theile leicht zu erkennen sind. Bei Pflanzen von zu dichtem Wuchse thut man besser, die überflüssigen Blätter und Blüthen früher zu entfernen, so zum Beispiel beim Bilsenkraut. Da die Blüthe zur Bestimmung der Pflanzen von so grosser Wichtigkeit ist, so muss man auch bei dem Einlegen auf dieselbe die grösste Sorgfalt verwenden, damit sie nach ihrer natürlichen Gestalt,

Lage, Richtung und Farbe sich in dem getrockneten Zustande so viel als möglich gleich bleibe. Ist die Blume ihrer Natur nach offen und ausgebreitet wie bei Althaea, so muss sie auch so ausgebreitet eingelegt werden. Hat sie mehrere Kronenblätter, welche entweder gerade in die Höhe stehen oder bis zur Hälfte ausgebreitet sind, so muss man im ersten Falle sie alle in gerader Richtung erhalten; im letzten Falle aber, wenn die Blüthe deren 4, 6 oder mehrere hat, werden 2, 3 oder mehrere Kronenblätter, so weit sie ausgebreitet sind, zurückgebogen. Besteht die Blume nur aus einem Kronenblatt (*Corolla monopetala*), welches mehrere Einschnitte hat, wie z. B. bei Primula, so legt man die Hälfte oder einige derselben zurück; sind die Kroneinschnitte oder Kronenblätter ganz zurückgeschlagen oder zurückgerollt, wie bei *Cyclamen europaeum*, und wie bei *Lilium matragon*, so legt man sie auch so ein, ohne die Theile zu biegen oder sie in ihrer Lage zu stören. Rachenförmige Blumen (*Corolla ringens*) legt man auf die Seite, damit sowohl die obere als auch die untere Lippe deutlich zu sehen ist, und man die Blüthe im trocknen Zustande gleich als eine rachenförmige erkennt. Schmetterlingsförmige Blüthen (*Corolla papilionacea*), werden ebenfalls auf die Seite gelegt. Das Schiffchen (*Carina*) und die beiden Seitenflügel (*Alae*) lässt man ruhig in der Lage, welche sie von Natur haben, aber die Fahne (*Vexillum*) bedarf nach der Verschiedenheit ihrer Richtung einer besonderen Aufmerksamkeit. Ist sie aufrecht und ausgebreitet, so wird sie auch eingelegt, ist sie aber rückwärts zusammengeklappt oder ganz zurückgeschlagen, so darf man sie auch nicht ausbreiten und in die Höhe richten wollen. Einige Blumen sind so spröde, dass ihre Theile, so bald man sie ausbreiten will, zerbrechen. Diese dürfen nicht früher eingelegt werden, als bis die Blumentheile durch das Welken ihre Sprödigkeit grösstentheils verloren haben und biegsamer sind. Manche Blüthen haben auch die Eigenschaft, sich zusammen zu rollen und ihre Gestalt wie bei dem Verblühen zu verlieren; bei diesen ist es rathsamer, jede einzelne Blume zwischen ein zusammengeklapptes Blättchen, das der Grösse der Blume angemessen ist, einzuschlagen und dieses Blättchen nicht eher zu entfernen, als bis die Blume ganz trocken ist. Volle Blumen, bei welchen mehrere Kronenblätter bei dem Ausbreiten auf einander zu liegen kommen, wie bei *Nymphaea alba*, verlieren bei gewöhnlicher Behandlung gänzlich ihre Farbe und werden unkenntlich; um dieses zu verhindern, schiebe man zwischen jedes Kronenblatt ein Stückchen Briefpapier, so dass keines derselben unmittelbar das andere berühren kann. Stehen mehrere Blumen von mittelmässiger Grösse so nahe beisammen, dass man um sie ausbreiten zu können, den grössten Theil derselben wegschneiden müsste, wodurch der Blüthenstand unkenntlich würde, wie bei *Aesculus Hippocastanum*, so schneidet man nur wenige oder gar keine Blüthen weg, legt dafür aber eine oder mehrere einzelne Blätter besonders ein. Da bei einigen Pflanzen die untere Seite der Blätter in Beziehung auf die Farbe u. s. w. von der obern verschieden ist, so ist es auch gut, beim Einlegen der Pflanzen darauf zu sehen, dass einige Blätter auf der obern, die andern auf der untern Fläche zu liegen kommen. Zuweilen erschweren die Aeste oder der Stengel wegen ihrer Dicke das Einlegen. In diesen Fällen spalte man sie der Hälfte nach von einander und wenn sie holzig sind, spalte man das Holz und die Rinde, jedoch mit der Vorsicht, dass nicht zu viele Blätter oder Blüthen beschädigt werden.

Bei dem Einlegen lege man die Pflanzen so, dass die Schnittfläche des gespaltenen Stängels nach unten zu liegen kommt, man also die unbeschädigte sieht. Wenn die Länge des Stängels eines Gewächses den Bogen, worin er eingelegt werden soll, an Länge übertrifft und wenn derselbe sehr ästig oder mit grösseren Blättern versehen ist, so schneide man ihn nach der Länge des Bogens in mehrere Stücke und behandle jedes derselben als eine eigene Pflanze; damit der obere blüthentragende Theil so vollständig als möglich bleibt, macht man bei dieser Theilung von oben den Anfang. Ist derselbe stänglich, aber nicht sehr ästig und dick wie bei den Gräsern und dem gemeinen Flachs und anderen Gewächsen, so zerschneidet man die Pflanzen gewöhnlich gar nicht, sondern biegt sie in zwei oder mehrere Theile ein.

Ist der Stängel kriechend, die Aeste aber aufrechtstehend wie bei *Glechoma hederacea*, so darf man beim Einlegen die Zweige nicht zu beiden Seiten des Stängels ausbreiten, wie bei aufrechtstehenden Gewächsen, sondern man muss sie in ihrer natürlichen Lage einlegen. Wenn die Wurzeln und Früchte, soweit sich diese letzteren zum Einlegen eignen, zu dick sind; verfährt man mit jenen ebenso, wie mit den Stängeln. Zwiebeln müssen ebenfalls gespalten werden, weil sonst sehr leicht die Pflanze, auch wenn sie eingepresst ist, noch aus denselben Nahrung ziehen und verbleichen könnte, wie z. B. beim *Allium* der Fall ist. Sondern die Pflanzen an ihrer Oberfläche einen klebrigen Saft ab, wie bei *Viscaria vulgaris*, so kleben sie beim Einlegen an das Papier, von welchem sie sich nur schwer wieder trennen lassen; in diesem Falle kann man sie zwischen einen Bogen in Oel oder Wachs getränktes

Papier legen. Jene Pflanzen, welche dicke saftige Blüthen haben, wie *Sedum* und *Sempervivum*, welken äusserst langsam und verlieren fast ganz das natürliche Ansehen; werden sie endlich trocken, so fallen Blüthen und Blätter ab. Diese Pflanzen taucht man daher vor dem Einlegen einige Male in kochendes Wasser, jedoch so, dass die Blumen nicht davon berührt werden und zieht sie schnell wieder heraus, dann breitet man sie auf einem Papierbogen gehörig aus und beschwert sie, nachdem man sie wieder mit Papier bedeckt hat, ganz leicht. Man kann sie erst dann zum Pressen einlegen, wenn sie schon übertrocknet sind. Wasserpflanzen muss man vor dem Einlegen ebenfalls so viel als möglich zu trocknen suchen, indem man sie zwischen zwei Bogen Löschpapier legt und mit der Hand ihrer natürlichen Richtung nach überstreift; sodann bringt man sie zwischen trockenes geleimtes Papier. Ist eine Pflanze ausgebreitet, so wird wieder eine Lage Papier darüber gegeben, auf welche eine zweite Pflanze kommt u. s. f. Nach einer Lage von 15 bis 20 Pflanzen kann man einen Bogen starker Pappe von der Grösse des Papiers, in welches die Pflanzen eingelegt werden, oder auch ein dünnes Brettchen geben, auf welches dann die anderen Lagen kommen. Diese Zwischenlagen bewirken, dass alle Pflanzen gleichmässig gepresst werden. Das Pressen der Pflanzen in einer Schraubenpresse ist nicht anzurathen, da bei einer solchen Presse leicht der Druck zu stark wird, welches das Verderben der Pflanzen zur Folge hätte. Besser ist es die ganze Lage zwischen zwei etwas stärkere Brettchen zu bringen und dieselben mittelst Steinen leicht zu beschweren. Noch besser ist eine Pflanzenpresse, welche man sich auf folgende Art leicht verfertigen kann. Man nehme zwei ungefähr

½" dicke, bei 20" lange Brettchen von weichem Holz. An den beiden Längenseiten dieser Brettchen bringt man in einer Entfernung von 2½ bis 3" Schrauben an, welche sich in Ringe enden. Beim Einpressen lege man die zu pressenden Pflanzen zwischen beide Brettchen und ziehe eine Schnur durch die Ringe der Schrauben, abwechselnd von einem Brettchen zum andern, wodurch die ganze Pflanzenlage leicht zusammengepresst wird. Damit die Pflanzen so schnell als möglich trocknen, welches zu ihrer guten Conservirung unumgänglich nothwendig ist, so muss man im Anfange, besonders wenn es saftige Pflanzen sind, täglich nachsehen, die Pflanzen von dem feuchten Bogen wegnehmen und sie zwischen andere trockene Bogen einlegen. Wenn man statt der oben beschriebenen Presse sich einer Presse, die nach der folgenden Angabe eingerichtet ist, bedient, so braucht man die Pflanzen nicht so oft, ja manche gar nicht umzulegen, wenn man nur die Vorsicht gebraucht, die Presse an einen recht trockenen, luftigen Ort hinzustellen. Die Einrichtung einer solchen Presse ist folgende (*Fig. 9.*): Man lasse sich ein Brett von weichem, oder noch besser von Birnbaumholz, etwas grösser als die Bogen, in welche die Pflanzen zum Trocknen eingelegt werden, anfertigen. Dieses

Fig. 9.

Pflanzenpresse. *a* Das als Unterlage dienende Brett. (Statt desselben kann auch ein starkes Blech verwendet werden, welches durch Querstützen an der gebogenen Lage erhalten werden müsste). *bbb* Die Gurten mit den Schnallen. *c* doppelter starker Leinenstoff als Deckel der Presse. *dddd* die durchgezogenen und eingenähten starken Eisendrähte. *ee* Oeffnungen zum Durchziehen der Gurten. *gg* Oehr zum Durchziehen der in *h* befestigten Schnur.

Brett soll seiner Länge nach in der Mitte ungefähr um $1/2$" stärker sein, so dass es auf der einen Seite gewölbt erscheint.

Dieses Brett wird mit einer Menge von Löchern durchbohrt. An den beiden Längenseiten werden auf der nicht gewölbten Seite ungefähr 4" von den Enden entfernt, kurze, starke und breite, mit Schnallen versehene Riemen aufgenagelt. An jeder der beiden Querseiten werden sechs Schrauben in gleicher Entfernung und so tief eingeschraubt, dass ihre Köpfe nur ungefähr $1/4$" vorstehen. Zu diesem Brette gehört als zweiter Theil des Apparates ein Stück doppelt gelegter und zusammengenähter sehr fester Leinwand, besser aber noch ist Zwilch. An den beiden Längeseiten dieses Zeuges werden ungefähr $1 1/2$ bis 2 Linien dicke eiserne Stäbe eingenäht und an gleicher Stelle, wie an dem Brette die Riemen mit Schnallen, werden hier die entsprechenden Löcher angebracht. Die beiden kurzen Seiten erhalten Schnürlöcher, ausgefüttert mit Ringen, welche so vertheilt sind, dass je ein Schnürloch zwischen zwei Schrauben des Brettes zu stehen kommt. Dann gehören noch dazu zwei starke Hanfschnüre. Bei dem Gebrauche dieser Presse werden die eingelegten Pflanzen zwischen der gewölbten Seite des Brettes und dem Zeuge mittelst der Riemen und Schnüre zusammengepresst.

Die völlig trockenen Pflanzen werden nun in das Herbarium eingereiht. Jede einzelne Pflanzen-Species wird auf einen Bogen weisses Papier gelegt, mittelst feiner Streifen gummirtes Papier in ihrer Lage erhalten, und dazu wird ein Zettel gelegt, welcher den botanischen und den deutschen Namen der Pflanze, ihren Standort und ihre Blüthenzeit enthält. Die einzelnen Bogen werden nun nach einem bestimmten System geordnet, die zu einer Familie gehörigen mit einem eigenen Umschlagbogen, auf welchem der Name bemerkt ist, versehen und endlich eine Anzahl solcher Familien zwischen zwei Deckel von starker Pappe gegeben, welche zusammengebunden werden. Auf diese Deckel wird die Klasse, Ordnung u. s. w., der darin enthaltenen Pflanzen bemerkt.

MINERALIEN.

In Beziehung des Sammelns der Mineralien kann hier wenig bemerkt werden, da die wenigsten Gegenden sich dazu eignen. Man wird sich in den meisten Fällen auf den Kauf und den Tausch zu beschränken haben. Bevor man die Mineralien der Sammlung einverleiben kann, muss man sie früher a) in eine gehörige Form bringen und b) reinigen.

Damit eine Sammlung ein gefälliges Ansehen habe, ist nöthig, dass die einzelnen Stücke möglichst gleiche Grösse haben. Was die Grösse betrifft, ist zu bemerken, dass ein kleineres Format den Vortheil gewährt, viel leichter schöne Exemplare erhalten zu können, und dass die Sammlung auch einen geringern Raum einnimmt.

Das Formen gehört oft zu den schwierigsten Aufgaben und es gehört eine eigene Fertigkeit dazu, welche man nur durch viele Uebung erlangen kann.

Vor allem gebraucht man dazu Formatisirhämmer und zwar deren drei, wovon zwei jeder ein Gewicht von $3/4$ Pfunden, der dritte aber nur von $1/8$ Pfund enthält. Die beiden ersteren haben an der einen Seite eine ebene Bahn, auf der anderen Seite laufen sie aber in eine Schneide aus, und zwar ist die Schneide bei dem einen mit der Richtung des Hammerstieles parallel, bei dem andern aber in einer darauf senkrechten Richtung. Bei dem dritten leichten Hammer geht das eine Ende in einer Spitze aus.

Bei dem Formatisiren thut man am besten, wenn man das betreffende Mineral in der linken Hand schwebend hält, während man mit der rechten mittelst des geeigneten Hammers geeignete Schläge führt. Ehe das zu formatisirende Stück die entsprechende Dicke erlangt hat, vermeide man alle Schläge, welche demselben eine abgerundete Form geben könnten, weil es sonst sehr schwer fallen würde, eine Fläche für eine gefällige Lage herzustellen, und man weit eher das Exemplar durch zu viele Schlagflecken verunstalten würde.

Besonders aufmerksam muss man jene Stücke behandeln, bei welchen Krystalle aufsitzen, weil diese sehr leicht abspringen.

Haben Mineralien, wenn man sie erhält, schon die gewünschte Form, will man aber frische Bruchflächen an denselben darstellen, so bedient man sich dazu der kleinsten Hämmer.

Bevor die richtig geformten Stücke der Sammlung einverleibt werden, müssen sie oft noch gereinigt werden.

Bei einigen genügt das Abblasen oder Abbürsten mittelst einer zarten Bürste, viele muss man aber abwaschen. Zum Waschen benützt man einen Haarpinsel, eine weiche Bürste und reines Wasser. Nach dem Waschen werden die Stücke alsogleich getrocknet.

Jene Mineralien, welche auf irgend eine Weise von dem Wasser angegriffen werden, wie die Salze, dürfen nicht gewaschen werden.

Die für die Sammlung vollständig zubereiteten Mineralien werden nun in Pappkästchen gegeben und auf gleiche Weise behandelt, wie dieses bei den Conchilien gezeigt wurde. Salze, welche durch die aus der Luft gezogene Feuchtigkeit leiden, kann man in Gläsern verwahren. Mineralien, welche in Pulver- oder

Körnerform erscheinen, so wie einzelne kleine Kristalle können in Uhrgläser gegeben werden.

Bei jenen Mineralien, welche durch das blosse Aufbewahren in der Luft schon angegriffen und geändert werden, kann man den Einfluss der Luft dadurch auch abhalten, dass man sie in eine recht reine, jedoch nicht zu dicke Lösung von Hausenblase taucht, nach dem Eintauchen sie vorsichtig abtropfen, und dann trocknen lässt. Sie werden durch einen solchen dünnen Ueberzug lange vor dem schädlichen Einflusse der Luft geschützt, ohne sich zu ändern.

Erhaltung der Sammlungen.

Hat man auf die oben beschriebene Weise eine Sammlung angelegt, so muss man auch bedacht sein, sie gut zu erhalten, man muss sie daher vor allen schädlichen Einflüssen, und vor allen Feinden schützen, und sie besonders vor Staub, Licht und schädlichen Insecten zu bewahren suchen. Diese drei grössten Feinde einer jeden Sammlung werden wohl schon durch die gehörige Zubereitung der Naturalien, und durch die Aufbewahrung in gut construirten, genau schliessenden Kästen ferne gehalten, es kann aber auch manchmal, trotz der grössten Sorgfalt, irgend ein Stück der Sammlung zu Schaden kommen. Will man wegen der Erhaltung der in der Sammlung enthaltenen Stücke möglichst beruhigt sein, so nehme man nur solche Stücke auf, von deren guten Zubereitung man vollkommen überzeugt ist, und schliesse alle schlechten Präparate strenge aus, da oft ein einziges Stück hinreicht in einer ganzen Sammlung die gefährlichen Insecten zu verbreiten.

Bei dem Ausstopfen der Thiere muss man ja so viel wie möglich alle Fleischtheile entfernen und ja die Arsenikseife nicht sparen, auch das Thier nicht eher der Sammlung einverleiben, bis es nicht vollkommen ausgetrocknet ist.

Exemplare, welche man nicht selbst ausgestopft hat, untersuche man genau, ob sie nicht von Insecten angegriffen sind, und bestreiche sie an den Fusssohlen unter den Flügeln und an anderen nicht sichtbaren Stellen, an welchen aber gerade die schädlichen Insecten ihre Angriffe machen, mit durch Alkohol stark verdünnter Arsenikseife. Ist aber ein solches Thier schon von Insecten angegriffen, dann wird es erst der weiter unten beschriebenen Behandlung unterzogen, bevor es in der Sammlung aufgestellt werden kann.

Bemerkt man, besonders im Frühjahre, das Herumflattern von Motten, oder das Herumkriechen von Speck- und anderen Käfern, welche für Sammlungen schädlich sind, so tödte man diese Thiere und überzeuge sich, ob nicht etwa mehrere vorhanden und in die Sammlung eingedrungen sind.

Bemerkt man unter irgend einem aufgestellten Thier ein gelbes oder braunes Pulver, oder ähnlich gefärbten feine Fäden, so ist dieses ein sicheres Zeichen des Angegriffenseins, und man muss schnell das betreffende Thier näher untersuchen und vorläufig aus der Sammlung entfernen. Das Aufbewahren von riechenden Stoffen z. B. des Kampfers in den Kästen schützt durchaus nicht vor feindlichen Insecten.

Die angegriffenen Thiere werden, wenn es möglich ist, einer Hitze ausgesetzt, die der eines Backofens nach Entfernung des Brotes daraus gleichkommt. Durch diese Hitze werden die Eier, Larven und vollkommenen Insecten getödtet.

Hierauf werden sie gehörig gereiniget, wobei man die abgebissenen Federn oder Haare entfernt, und die dadurch entstandenen nackten Stellen mit verdünnter Arsenikseife bestreicht. Bei Säugethieren lassen sich die durch den Insectenfrass entstandenen nackten Stellen wohl sehr schwer verdecken, während man die bei den Vögeln fehlenden Federn so gut ersetzen kann, dass man gar nichts wahrzunehmen im Stande ist. Es soll hier zunächst gezeigt werden, wie solche Stellen bei den Vögeln ausgebessert werden, da man bei Säugethieren auf eine ähnliche Weise verfahren kann.

Hat man einen Vogel, an welchem durch Insectenfrass oder auf eine andere Art Federn abhanden gekommen sind und sich nackte Stellen zeigen, so muss man sich vor allem solche Federn zu verschaffen suchen, die den fehlenden gleichen. Es ist deshalb immer gut, wenn man schlechte Bälge oder einzelne Federbüschel aufhebt, um sie bei vorkommenden Reparaturen anwenden zu können. Bevor man die Arbeit beginnt, muss die mit Arsenikseife bestrichene nackte Stelle gut getrocknet sein, worauf man sie mit aufgelöstem, jedoch ziemlich dickem arabischen Gummi bestreicht. Nun nimmt man die zur Ausbesserung bestimmten Federn und schneidet von ihnen den Kiel weg, so dass nur die Fahne bleibt, welche man an die gummirte Stelle bringt, und leicht mit dem Finger andrückt. Man muss dabei darauf sehen, dass die einzelnen Federn in ihre natürliche Lage kommen, und dass man zuerst mit dem Auflegen der unteren beginnt, und dann die oberen folgen lässt. Werden irgendwo einzelne Federn eingeschoben, so bestreicht man nicht die Stelle, sondern das Ende der Federn mit Gummi, hebt die darüber liegenden Federn mit einer Nadel empor, schiebt die einzuklebenden mittelst der Pincette an ihren geeigneten Platz, lässt dann die aufgehobenen Federn darauf fallen, und drückt sie mit dem Finger sanft an. Am leichtesten sind diese Ausbesserungen an jenen Stellen, an welchen die Federn lang sind, wie bei der Brust oder dem Rücken, am schwersten hingegen da, wo die Federn kurz und klein sind, wie dieses meistens am Kopfe und Halse der Fall ist.

Stark beschädigte Flügel entfernt man, wenn man anders andere haben kann, ganz. Die neuen werden dann ebenfalls ganz gelassen, auf der innern Seite mit Gummi bestrichen und angeklebt und mit starken Stecknadeln in der gehörigen Lage erhalten.

Wenn es nöthig ist, so werden die zur Ausbesserung benützten Federn ebenfalls durch Nadeln und Papierstreifen in der richtigen Lage erhalten. Diese Streifen entfernt man erst nach dem vollständigen Trocknen.

Beschädigte Schnäbel, Zehen, Schwimmhäute etc. werden mittelst Wachs ausgebessert, und dann bemalt.

Sehr stark beschädigte Vögel, oder solche, welche eine schlechte Stellung haben, zerlegt man am besten in Stücke, wobei man die einzelnen sich ablösenden Federn sorgfältig bei Seite legt. Die einzelnen Hauptstücke werden nun auf der inneren Seite mit Arsenikseife bestrichen, und zum Trocknen hingelegt. Hierauf bereitet man sich aus drei Drähten, wovon zwei für die Füsse und einer für den Körper bestimmt sind, das Drahtgerüste, schiebt auf dasselbe die Füsse, und stellt dann das Drahtgerippe auf eine Krücke oder ein Brettchen je nach der Stellung, die der Vogel bekommen soll. Man biegt dann die Drähte gehörig, und umwickelt sie mit Werg, um den Leib und den Hals des Vogels zu bilden. Beide müssen genau die richtige Grösse erhalten.

Man fängt beim Schweif des Vogels an, und befestiget ihn zuerst mittelst des Drahtendes an den künstlichen Leib. Ist der Schweif aus einzelnen Federn zusammenzusetzen, so werden dieselben mit ihren Kielenden in der richtigen Lage und Ordnung auf einem Streifen Papier geklebt, und ein zweiter Streifen kommt dann darüber. Es versteht sich wohl von selbst, dass man erst nach dem Trocknen den Schweif verwenden kann.

Von dem Schweife geht man zu den Füssen über, indem man das noch Fehlende aufklebt. Hierauf fährt man fort die Hauptstücke mit den daran haftenden Federn Stück für Stück in ihrer richtigen Lage aufzukleben. Ist ein Stück zu gross, um es gut anbringen zu können, so zertheilt man dasselbe nach Bedürfniss. Die Flügel werden übergangen, und erst angebracht, nachdem schon der Kopf befestiget ist. Einzelne kahle Stellen, welche sich bei dieser Arbeit ergeben, werden erst dann ausgebessert, wenn alle Hauptstücke aufgeklebt sind. Bei dieser Ausbesserung verfährt man ganz so, wie früher gezeigt wurde. Nachdem man alles beendet und auch die Papierbinden angebracht hat, stellt man den Vogel zum Trocknen hin.

Beim Ausbessern der Vögel ist es nicht nöthig, dass die dazu verwendeten Federn gerade nur von derselben Species sind, sondern es können oft Federn von ganz verschiedenen Ordnungen verwendet werden, natürlich aber nur dann, wenn sie ganz das Aussehen der zu ersetzenden haben.

So schwierig die hier beschriebene Arbeit im Anfange scheinen mag, so gelingt sie doch jedesmal bei einiger Uebung vortrefflich.

Weit schwieriger ist das Ausbessern bei Säugethieren, und es kostet oft ausserordentlich viel Mühe, Geduld und Geschicklichkeit.

Soll die Ausbesserung wegen Insectenfrass geschehen, so sind es vorzüglich der Kopf, die Füsse und der Schweif, an welchen die beschädigten Stellen vorkommen. Sind die Füsse sehr beschädigt, so können sie vielleicht entfernt und durch andere von einem gleichen Thiere ersetzt werden, hat man aber keine gleichen Füsse, so ersetzt man zuerst die abgenagten Haut- und Sehnentheile durch Wachs, bestreicht dann die auszubessernde Stelle mit einer dicken Gummilösung, und bestreut sie, wenn sie kurzhaarig sein soll mit kurzgeschnittenen Haaren von der erforderlichen Stärke und Farbe, wobei man darauf sieht, dass sie möglichst in die richtige Lage kommen. Sind die auszubessernden Stellen lang behaart, so müssen ähnliche Haare aufgeklebt werden, wobei man dann wie bei dem Ausbessern der Vögel verfährt. Ueberhaupt lassen sich Säugethiere meistens nur mit Haaren oder Balgstücken von gleichen Thieren ausbessern, und es ist diese Arbeit weit mühevoller und schwieriger als bei den Vögeln.

Amphibien und Fische werden weit seltener von Insecten angegriffen, sollten jedoch Amphibien beim Präpariren oder auf irgend eine andere Weise beschädiget oder von Insecten zerfressen worden sein, so ersetzt man die beschädigten Stellen durch Wachs, welches mittelst der Modellierhölzer genau aufgetragen wird, und bemalt dann die ausgebesserten Stellen. Bei Fischen ersetzt man die fehlenden Schuppen am besten durch sehr dünne Plättchen von Metall (Folienblätter), welche man in der richtigen Form schneidet und aufklebt.

Fehlende oder beschädigte Flossen ersetzt man durch Stücke von dünnem Stoff (Leinen- Baumwollen- oder Seidenstoff, der schon alt und gebraucht sein kann), welchen man mit Gummi doppelt zusammenklebt. Während des Trocknens spannt man ihn auf einem Brette mittelst mehrerer Nägel auf. Ist dieser Stoff trocken, so ist er ganz steif und man schneidet dann mit der Scheere die zu formenden Flossen daraus, welche man auf beiden Seiten mit einer dünnen Wachsschichte überzieht, indem man dieselbe mit einer Pincette fasst und in geschmolzenes Wachs taucht, jedoch darauf sieht, dass nicht zu viel daran haftet. Nach dem Erkalten des Wachsüberzuges bildet man die Strahlen der Flosse mit der Spitze des Modellierholzes, worauf man dann die künstliche Flosse mittelst Draht und mit Hilfe von Leim oder Gummi an dem Fische zu befestigen sucht, worauf sie bemalt wird. Bei einiger Uebung wird man sie so genau formen, dass sie von den natürlichen Flossen nicht zu unterscheiden sind.

Alle ausgebesserten und bemalten Stellen bei Amphibien und Fischen werden nach dem Trocknen mit Firnis überzogen.

Werden die Thiere der beiden genannten Klassen in Spiritus aufbewahrt, so sind sie zwar vor Insectenfrass sicher, aber es kann, wenn der Verschluss der Gläser nicht ganz luftdicht ist, der Weingeist leicht verdunsten, wodurch die darin aufbewahrten Thiere verderben würden. Man muss daher von Zeit zu Zeit bei den Gläsern nachsehen, und wenn man findet, dass eine solche Verdunstung stattfindet, neuerdings Weingeist nachfüllen. Man schliesst daher auch häufig die grösseren Gläser, in welchen sich Amphibien oder Fische befinden durch aufgekittete Glasplatten, in deren Mitte sich eine Oeffnung von 2 bis 4 Linien Durchmesser befindet, über welche man eine mit Fett bestrichene Platte von gewöhnlichem Glase legt, um diese Oeffnung hermetisch zu schliessen. Diese Glasplatte braucht nur etwas grösser als die Oeffnung zu sein, und kann eine viereckige Form haben.

Ist in ein auf diese Weise verschlossenes Glas Spiritus nachzufüllen, so hebt man diese kleinere Platte ab, ohne die aufgekittete eigentliche Schlussplatte zu lockern, giesst mit Hilfe eines geeigneten Trichters Weingeist nach, worauf man die eingefettete Glasplatte nur wieder darauf zu legen und mit dem Finger leicht anzudrücken braucht. Hat die aufgekittete Glasplatte keine solche Oeffnung, so ist natürlich das Nachfüllen mit weit mehr Umständen verbunden, indem die Glasplatte weggenommen, und dann wieder frisch aufgekittet werden muss.

Kleinere Gläser werden in der Regel mittelst eines eingeriebenen Glasstoppels verschlossen, daher die Nachfüllung auch sehr leicht geschehen kann.

Die Thiere der folgenden Klassen, nämlich die wirbellosen Thiere werden, wie dieses schon früher gesagt wurde, entweder in Weingeist aufbewahrt, oder sie werden auf eine ähnliche Weise, wie die Schmetterlinge, Käfer etc. aufgestellt.

Von den in Weingeist aufbewahrten ist das zu bemerken, was schon früher bei den auf diese Weise aufbewahrten Fischen und Amphibien gesagt wurde; bei den auf Art der Insecten aufgestellten Thieren hat man oft Ausbesserungen zu machen, die hier besprochen werden sollen.

Entweder sind die Thiere schon auf irgend eine Weise beschädiget, wenn man sie für die Sammlung bekommt, oder sie wurden erst nach dem Aufstellen beschädiget.

Diese Beschädigungen sind das gänzliche oder theilweise Fehlen von Füssen, Flügeln, Fühlern etc., das Angefressensein von Insecten, das Zerbrechen des ganzen Thieres in mehrere Theile, das Entfärben durch den Einfluss des Lichtes, das Fettigwerden der Schmetterlinge, das Oxydiren der Nadeln, an welchen die Thiere aufgesteckt sind, endlich gehört hierher zur Besprechung auch die schlechte Stellung, welche die

Thiere öfter haben. Es soll hier Alles zusammengefasst werden, was in Bezug der wirbellosen Thiere, die nicht in Weingeist aufbewahrt werden, zu bemerken ist, ohne das Ganze nach einzelnen Klassen abzutheilen.

Fehlen bei Insecten Füsse, Flügel oder Fühler, so lassen sich dieselben nur durch dieselben Theile eines gleichen Thieres ersetzen. Man setzt in solchen Fällen aus zwei oder mehreren beschädigten Exemplaren ein gutes zusammen, welches bei einer genauen Arbeit und einiger Geschicklichkeit so gut ausfällt, dass man die Zusammensetzung gar nicht bemerkt.

Man trennt mittelst einer Pincette und Scheere, die auf ein anderes Exemplar zu übertragenden Theile, und befestiget sie dann an der geeigneten Stelle mittelst einer Gummilösung.

Auf diese Weise entfernt man auch beschädigte Flügel von Schmetterlingen und anderen im Fluge aufgestellten Insecten, und ersetzt sie durch andere, wobei diese Insecten auf das Spannbrett gesteckt werden, und auf demselben bis zum gänzlichen Trocknen bleiben, damit sich die ausgebesserten Flügel in der richtigen Lage erhalten und nicht senken.

Auf dieselbe Weise wird man auch mit Thieren der übrigen Klassen verfahren, wenn an denselben Theile fehlen.

- Bei grösseren Crustaceen lassen sich fehlende Fühler durch Draht ersetzen, den man mit Gyps überzieht oder mit einer geeigneten Schnur umwickelt und so die Form des Fühlers gibt. Natürlich muss dieser künstliche Fühler dann bemalt und mit Firniss überzogen werden.

Zerbrochene Muscheln lassen sich ebenfalls wieder zusammen leimen, wenn man alle Theile hat. Fehlen ganz kleine Stücke, so lassen sich dieselben leicht durch 'Gyps ersetzen, auch Wachs kann in vielen Fällen angewendet werden.

Von Insecten angefressene Thiere, welche man leicht auf die oben angegebene Art entdeckt, gibt man, wenn sie dazu geeignet sind, in Alkohol, welchem Quassientinctur beigemengt ist, lässt sie einige Zeit darin, worauf man sie herausnimmt, trocknet und so wie auf andere Weise beschädigte Thiere ausbessert.

Schmetterlinge und andere zarte Thiere, welche man nicht in Alkohol geben kann, befeuchtet man an den angegriffenen Stellen mit einem oder nach Erforderniss auch mit mehreren Tropfen Quassientinctur, oder wenn auch dieses wegen der Zartheit des Thieres nicht anginge, so verschliesst man dasselbe in eine Schachtel, und setzt es längere Zeit einer Hitze aus, welche der Siedhitze nahekommt.

Nach dem Ausbessern und vollständigen Trocknen werden solche Thiere wieder der Sammlung einverleibt.

In mehrere Stücke zerbrochene Thiere werden mit möglichster Genauigkeit mittelst Leim oder Gummi zusammengefügt, und das etwa Fehlende ausgebessert.

Gegen das Entfärben der Thiere durch den Einfluss des Lichtes lässt sich nicht viel machen, und nur höchstens bei Crustaceen kann durch Bemalen nachgeholfen werden.

Bei Schmetterlingen, besonders bei einigen grossen Nachtvögeln wird der Leib ölig. Wie man dieses bemerkt, so breche man vorsichtig den Hinterleib, an welchem sich auch das Uebel zuerst zeigt, ab, lege ihn einige Tage in reinen Spiritus, trockne ihn dann, und klebe ihn wieder an seine Stelle. Befolgt man dieses nicht gleich, so werden nach und nach auch die Flügel ergriffen, und das Exemplar geht für die Sammlung verloren.

Wäre schon der ganze Leib fettig, die Flügel aber noch rein, so müsste man die letzteren entfernen, mit dem Leibe, wie oben gesagt wurde, verfahren, und dann nach dem Trocknen des Leibes die Flügel wieder darankleben.

Oefter erhält man unter den auf Stecknadeln befindlichen Thieren solche, welche schlecht stecken. Diese werden in eine mit angefeuchtetem Sand halbgefüllte Schachtel gesteckt, die Schachtel geschlossen, und so die Thiere erweicht, worauf man mit einiger Vorsicht leicht die Nadel entfernen und durch eine andere ersetzen kann.

Am besten werden sich immer die sogenannten weissgesottenen Nadeln für Insecten- und andere Sammlungen eignen, andere Nadeln oxydiren leicht. Es ist am besten oxydirte Nadeln aus der Sammlung zu entfernen. Von Nadeln, welche mit Grünspan überzogen sind, kann man auch denselben durch Schaben entfernen, und die Nadel darnach mit dem früher angegebenen Firniss überziehen.

Auch kann der Grünspan dauernd entfernt werden, indem man ein Kartenblatt nimmt, dasselbe stark anfeuchtet, und in dessen Mitte eine Oeffnung macht, welche gross genug ist, den Kopf der Nadel durchzustecken. Das Durchstecken geschieht so weit als möglich, so dass das Kartenblatt das Thier berührt. Nun erhitzt man den Kopf und den übrigen vorstehenden Theil der Nadel an einer Weingeistlampe bis der Grünspanüberzug schmilzt, worauf man die Nadel mit dem Kopfe schnell in kaltes Wasser stosst, wodurch sie wieder hart wird. Auf diese Art behandelte Nadeln bleiben vom Grünspan befreit.

Schmetterlinge und andere fliegend aufgestellte Insecten, bei welchen die Flügel nicht eine schöne horizontale Lage haben, werden erweicht und auf das Spannbrett gesteckt, auf welchem die Flügel gehörig gerichtet werden. Sie bleiben bis zum vollkommenen Austrocknen auf dem Spannbrette.

Andere Thiere, deren Stellung nicht gut ist, werden ebenfalls auf die oben angegebene Art erweicht, worauf man ihnen eine Stellung giebt, als ob sie erst frisch aufgestellt würden.

Es versteht sich wohl von selbst, dass alle diese Thiere vollkommen austrocknen müssen, bevor sie in die Sammlung zurückkommen können.

Conchylien, deren weisse Farbe vergilbt ist, oder deren Farben, besonders die dunkeln, verblichen sind, werden wieder schön und lebhaft gefärbt, wenn man sie mit verdünnter Salpetersäure (Scheidewasser) bestreicht. Sie müssen aber schnell darauf mit Wasser gut ausgewaschen werden, damit ja keine Säure zurückbleibt, weil dieselbe nach und nach Theile der Schale auflösen, und diese ihr schönes Ansehen verlieren würde.

Bei Herbarien und Mineraliensammlungen ist in Bezug auf die Erhaltung wenig mehr zu bemerken.

Beide müssen vor Feuchtigkeit und Staub gesichert aufbewahrt werden. Werden Pflanzen feucht, so verlieren sie ihre schönen Farben, werden braun oder schwarz und mit Schimmel überzogen und verlieren dann allen Werth. Um den Schimmel zu entfernen kann man sie zwar einer grossen Hitze (90—100° C.) aussetzen, aber die verlornen Farben bekommen sie nicht wieder.

Bestaubte Pflanzen können schwer gereiniget werden, weil sie leicht brechen, und weil überdies bei manchen der Staub gar nicht mehr vollständig entfernt werden kann.

Zerbrochene Pflanzen lassen sich häufig noch durch Kleben mittelst Gummi repariren.

Mineralien, welche durch die Feuchtigkeit angegriffen und zum Theil verwittert sind, lassen sich manchmal noch durch Trocknen retten, aber nicht immer ist dieses der Fall.

Zerbrochene Mineralien, wenn sie nicht in zu viele Stücke zerfallen sind, lassen sich durch Leim oder mittelst Wachs repariren.

Von Insecten haben die Mineralien nichts zu fürchten, desto mehr sind aber die Herbarien diesen Feinden ausgesetzt. Hier hilft kein Mittel besser als die Hitze, welcher die angegriffenen Pflanzen ausgesetzt werden.

Aus dem über die Erhaltung der Sammlungen Gesagten ersieht man, dass bei allen Sammlungen ein guter Verschluss der Kästen, in welchen die Sachen aufbewahrt werden, so wie eine gute Präparation der aufzubewahrenden Naturalien das Wichtigste ist, und dass man in Bezug der guten Erhaltung ganz beruhiget sein kann, wenn man diese zwei Hauptbedingungen erfüllt hat.

UEBERSICHT

der

Klassen, Ordnungen und Familien

des Thierreiches,

als Hilfsmittel beim Ordnen der Sammlungen.

I. Wirbelthiere (Vertebrata).

1. Klasse: Säugethiere (Mammalia.)

   1. Ordnung: Vierhänder (Quadrumana.)
       1. Familie: Eigentliche Affen (Simiae.)
       2.   „   Krallenaffen (Artopitheci.)
       3.   „   Halbaffen (Prosimii.)
   2. Ordnung: Flatterthiere (Chiroptera.)
       1. Familie: Pelzflatterer (Dermoptera.)
       2.   „   Fledermäuse (Vespertiliouea.)
   3. Ordnung: Raubthiere (Carnivora.)
      A. Insectenfresser.
       1. Familie: Igel (Aculeata.)
       2.   „   Spitzmäuse (Soricina.)
       3.   „   Maulwürfe (Talpina.)
      B. Fleischfresser.
       1. Familie. Bären (Ursina.)
       2.   „   Marder (Mustelina.)
       3.   „   Hunde (Canina.)
       4.   „   Viverren (Viverrina.)
       5.   „   Katzen (Felina.)
   4. Ordnung: Beutelthiere (Marsupialia.)
       1. Familie: Wahre Beutelthiere (Carnivora.)
       2.   „   Fruchtfressende Beutelthiere (Frugivora.)

5. Ordnung: Nagethiere (Glires.)
   1. Familie: Eichhörnchen (Sciurina.)
   2.   „   Mäuse (Murina.)
   3.   „   Maulwurfsmäuse (Cunicularia.)
   4.   „   Halbhufer (Subungulata.)
   5.   „   Schwimmfüsser (Palmipedia.)
   6.   „   Hasen (Leporina.)
   7.   „   Hasenmäuse (Lagostomi.)
   8.   „   Stachelschweine (Aculeata.)

6. Ordnung: Zahnlückige Säugethiere (Edentata.)
   1. Familie: Faulthiere (Bradypoda.)
   2.   „   Gürtelthiere (Cingulata.)
   3.   „   Wurmzüngler (Vermilinguia.)
   4.   „   Schnabelthiere (Monotremata.)

7. Ordnung: Vielhufer (Multungula.)
   1. Familie: Rüsselthiere (Proboscidea.)
   2.   „   Eigentliche Dickhäuter (Pachydermata.)
   3.   „   Schweine (Setigera.)

8. Ordnung: Einhufer (Solidungula.)
   1. Familie: Einhufer (Solidungula.)

9. Ordnung: Wiederkäuer (Ruminantia.)
   1. Familie: Kameele (Tylopoda.)
   2.   „   Abschüssige (Devexa.)
   3.   „   Hirsche (Cervina.)
   4.   „   Hohlhörner (Cavicorni.)

10. Ordnung: Robben (Pinnipedia.)
   1. Familie: Wallrosse (Trichechoidea.)
   2.   „   Robben (Phocina.)

11. Ordnung: Fischsäugethiere (Cetacea.)
   1. Familie: Seekühe (Sirenia.)
   2.   „   Walle (Cetacea.)

2. Klasse: Vögel.

1. Ordnung: Raubvögel (Rapaces.)
   1. Familie: Geier (Vulturinae.)
   2.   „   Falken (Accipitrinae.)
   3.   „   Eulen (Strigidae.)

2. Ordnung: Klettervögel (Scansores.)
   A. Paarzeher.
   1. Familie: Spechte (Picidae.)
   2.   „   Kukuke (Cuculidae.)
   3.   „   Papageien (Psittacinae.)

4. Familie: Bartvögel (Bucconidae.)
5. „ Pisangfresser (Musophagae.)
6. „ Grossschnäbler (Rhamphastidae.)

B. Heftzeher.

7. Familie: Nashornvögel (Buceridae.)
8. „ Eisvögel (Halcyonidae.)

3. Ordnung: Singvögel (Canorae.)
   1. Familie: Zahnschnäbler (Dentirostres.)
   2. „ Pfriemenschnäbler (Subulirostres.)
   3. „ Kegelschnäbler (Conirostres.)
   4. „ Raben (Corvinae.)
   5. „ Dünnschnäbler (Tenuirostres.)
   6. „ Spaltschnäbler (Fissirostres.)

4. Ordnung: Tauben (Columbae.)
   1. Familie: Tauben (Columbinae.)

5. Ordnung: Hühner (Gallinae.)
   1. Familie: Feldhühner (Tetraonidae.)
   2. „ Fasanen und Hühner (Phasianidae.
   3. „ Steisshühner (Crypturidae.)
   4. „ Jakuhühner (Penclopidae.)

6. Ordnung: Laufvögel (Cursores.)
   1. Familie: Strausse (Struthionidae.)
   2. „ Dronten (Inepti.)

7. Ordnung: Sumpfvögel (Grallae.)
   1. Familie: Hühnerstelzen (Alectorides.)
   2. „ Wasserhühner (Fulicarinae.)
   3. „ Regenpfeifer (Charadriadae.)
   4. „ Schnepfen (Scolopacidae.)
   5. „ Reiher (Ardeadeae.)

8. Ordnung: Schwimmvögel.
   1. Familie: Enten (Anatidae.)
   2. „ Pelikane (Pelecanidae.)
   3. „ Sturmvögel (Procellariae.)
   4. „ Möven und Seeschwalben (Laridae.)
   5. „ Taucher (Colymbidae.)
   6. „ Alken (Alcidae.)

3. Klasse: Amphibien (Reptilia.)

1. Ordnung: Schildkröten (Testudinata.)
   1. Familie: Landschildkröten (Chersinae.)
   2. „ Süsswasserschildkröten (Emydae.)
   3. „ Seeschildkröten (Chelonae.)

2. Ordnung: Eidechsen (Sauria.)
    1. Familie: Krokodile (Lorieata.)
    2.   „   Schuppenechsen (Squamata.)
    3.   „   Ringelechsen (Annulata.)

3. Ordnung: Schlangen (Serpentes.)
    1. Familie: Engmäuler (Stenostoma.)
    2.   „   Grossmäuler (Eurystoma.)

4. Ordnung: Lurche (Batrachia.)
    1. Familie: Froschlurche (Ecaudata.)
    2.   „   Schwanzlurche oder Molche (Caudata.)
    3.   „   Schleichen (Anguinea.)
    4.   „   Fischlurche (Ichthyomorpha.)

4. Klasse: Fische.

  A. Gräten- oder Knochenfische (Osteacanthi.)
    a. Stachelflosser (Acanthopterygii.)

1. Ordnung: Brustflosser.
    1. Familie: Barsche (Percoidei.)
    2.   „   Umberfische (Sciaenoidei.)
    3.   „   Thunfische (Scomberoidei.)
    4.   „   Lederfische (Teuthidae.)
    5.   „   Schuppenflosser (Squamipennes.)
    6.   „   Landkriecher (Chersobatae.)
    7.   „   Harder (Mugiloidei.)
    8.   „   Lippfische (Labroidei.)
    9.   „   Meerbrassen (Sparoidei.)

2. Ordnung: Kehlflosser (Jugulares.)
    1. Familie: Panzerwangen (Trigloidei.)
    2.   „   Armflosser (Lophioidei.)
    3.   „   Schleimfische (Gobioidei.)
    4.   „   Bandfische (Taenioidei.)

3. Ordnung: Pfeifenmäuler (Fistulati.)
    1. Familie: Röhrenmäuler (Aulostomi.)
    2.   „   Büschelkiemer (Lophobranchii.)

    b. Weichflosser.

4. Ordnung: Bauchflosser (Abdominales.)
    1. Familie: Lachsfische (Salmonei.)
    2.   „   Karpfen (Cyprinoidei.)
    3.   „   Hechte (Esocini.)
    4.   „   Häringe (Clupeacei.)
    5.   „   Welse (Silurini.)

5. Ordnung: Kehlweichflosser (Subbrachiales.)
   1. Familie: Schellfische (Gadini.)
   2.   „   Schollen (Pleuronectae.)
   3.   „   Scheibenbäuche (Discoboli.)
   4.   „   Schildfische (Echeneidae.)
6. Ordnung: Kahlbäuche (Apodes.)
   1. Familie: Aalfische (Anguilliformes.)
   B. Knorpelfische (Chondracanthi.
      a. Freikiemer (Eleutherobranchi.)
7. Ordnung: Haftkiemer (Plectognathi.)
   1. Familie: Nacktzähne (Gymnodontes.)
   2.   „   Harthäuter (Sclerodermi.)
8. Ordnung: Bedecktkiemer (Branchiostegi.)
   1. Familie: Störfische (Sturionini.)
      b. Haftkiemer (Plectobranchii.)
9. Ordnung: Quermäuler (Plagiostomi.)
   1. Familie: Haifische (Squalini.)
   2.   „   Rochen (Rajacei.)
10. Ordnung: Rundmäuler (Cyclostomi.)
   1. Familie: Saugfische (Cyclostomi.)

II. Gliederthiere (Arthrozoa.)

5. Klasse: Insecten (Insecta.)

   1. Ordnung: Käfer (Coleoptera.)
      1. Familie: Laufkäfer (Carabicina.)
      2.   „   Sägehörnige (Serricornia.)
      3.   „   Blatthörnige (Lamellicornia.)
      4.   „   Keulenhörnige (Clavicornia.)
      5.   „   Kurzflügler (Brachelystra.)
      6.   „   Schwimmkäfer (Hydrocantharida.)
      7.   „   Wasserkäfer (Hydrophilina.)
      8.   „   Taxicornen (Taxicornia.)
      9.   „   Engflügler (Stenelytra.)
     10.   „   Schwarzflügler (Melanosomata.)
     11.   „   Halskäfer (Trachelophora.)
     12.   „   Rüsselkäfer (Rhynchophora.)
     13.   „   Holzfresser (Xylophaga.)
     14.   „   Bockkäfer (Longicornia.)
     15.   „   Blattkäfer (Chrysomelina.)
     16.   „   Kugelkäfer (Coccinelina.)
     17.   „   Zwergkäfer (Pselaphina.)

2. Ordnung: Schmetterlinge (Lepidoptera)
    a. Tagfalter (Diurna.)
      1. Familie: Echte Tagfalter (Papilionidae.)
      2.   „   Unechte Tagfalter (Hesperidae.)
    b. Abendfalter (Crepuscularia.)
      1. Familie: Schwärmer (Sphingidae.)
      2.   „   Widderschwärmer (Zygaenidae.)
      3.   „   Glasschwärmer (Sesidae.)
    c. Nachtfalter (Nocturna.)
      1. Familie: Spinner (Bombyeidae.)
      2.   „   Eulen (Noetuadae.)
      3.   „   Spanner (Phalaenidae.)
    d. Kleinfalter (Microlepidoptera.)
      1. Familie: Wickler (Tortricidae.)
      2.   „   Zünsler (Pyralidae.)
      3.   „   Schaben (Tineadae.)
      4.   „   Federmotten (Alucitadae.)

3. Ordnung: Immen (Hymenoptera.)
    1. Familie: Blattwespen (Tenthredonidae.)
    2.   „   Holzwespen (Siricidae.)
    3.   „   Echte Schlupfwespen (Ichneumonidae verae.)
    4.   „   Unechte Schlupfwespen (Ichneumonidae ascitae.)
    5.   „   Gallwespen (Gallicolae.)
    6.   „   Raubwespen (Rapientia.)
    7.   „   Blumenwespen (Anthophila.)

4. Ordnung: Fliegen (Diptera.)
    1. Familie: Mücken (Tipularia.)
    2.   „   Dickhörnige Mücken (Crassicornia.)
    3.   „   Flöhe (Pulicina.)
    4.   „   Raubfliegen (Tanystomata.)
    5.   „   Waffenfliegen (Notacantha.)
    6.   „   Fliegen (Athericera.)
    7.   „   Lausfliegen (Pupipara.)

5. Ordnung: Netzflügler (Neuroptera.)
    1. Familie: Wasserjungfern (Libellutina.)
    2.   „   Eintagsfliegen (Ephemerina.)
    3.   „   Faltflügler (Plicipennia.)
    4.   „   Plattflügler (Planipennia.)
    5.   „   Nager (Corrodentia.)

6. Ordnung: Geradflügler (Orthoptera.)
    1. Familie: Springer (Saltatoria.)
    2.   „   Läufer (Cursoria.)

  3. Familie: Ohrwürmer (Forficulina.)
  4. „   Blasenfüsse (Physapoda.)
  5. „   Lappenschwänze (Thysanura.)
  6. „   Pelzfresser (Mallophaga.)
 7. Ordnung: Halbflügler (Hemiptera.)
  1. Familie: Landwanzen (Geocores.)
  2. „   Wasserwanzen (Hydrocores.)
  3. „   Zirpen (Cicadina.)
  4. „   Pflanzenläuse (Aphidina.)
  5. „   Schildläuse (Coccina.)
  6. „   Schmarotzer (Pediculina.)

6. Klasse: Spinnenthiere (Arachnoidea.)
 1. Ordnung: Gliedleibige (Artrogasta.)
  1. Familie: Scorpione (Scorpionidae.)
  2. „   Afterscorpione (Pseudoscorpiones.)
  3. „   Spinnenscorpione (Phrynidae.)
  4. „   Scorpionspinnen (Solpuginae.)
  5. „   Afterspinnen (Opilioninae.)
 2. Ordnung: Echte Spinnen (Araneae.)
  1. Familie: Würgspinnen (Mygalidae.)
  2. „   Jagdspinnen (Vagabundae.)
  3. „   Weber (Sedentariae.)
 3. Ordnung: Milben (Acarina.)
  1. Familie: Landmilben (Trombidiidae.)
  2. „   Wassermilben (Hydrarachnidae.)
  3. „   Rüsselmilben (Bdellidae.)
  4. „   Lausmilben (Sarcoptidae.)
  5. „   Schildmilben (Gamasidae.)
  6. „   Hornmilben (Oribatidae.)
 4. Ordnung: Holzböcke (Ixodea.)
 5. Ordnung: Lungenlose Spinnenthiere (Apneusta.)
  1. Familie: Asselspinnen.
  2. „   Wasserbärchen (Tardigrada.)

7. Klasse: Krustenthiere (Crustacea.)
 1. Ordnung: Schalenkrebse (Thoracostraca.)
  1. Familie: Zehnfüsser (Decapoda.)
  2. „   Maulfüsser (Stomatopoda.)
 2. Ordnung: Ringelkrebse (Arthrostraca.)
  1. Familie: Flohkrebse (Amphipoda.)
  2. „   Kehlfüsser (Laemipoda.)
  3. „   Asselkrebse (Isopoda.)
  4. „   Tausendfüsse (Myriopoda.)

3. Ordnung: Schildkrebse (Aspidostraca.)
    1. Familie: Stachelfüsser (Poecillopoda.)
    2.   „   Blattfüsser (Phyllopoda.)
    3.   „   Büschelfüsser (Lophyropoda.)
    4.   „   Trilobiten (Trilobitae.)

4. Ordnung: Schmarotzerkrebse (Syphonostomata.
    1. Familie: Schmarotzer (Parasita.)

5. Ordnung: Weichthierkrebse (Testacostraca.)
    1. Familie: Rankenfüsser (Cirripedia.)

8. Klasse: Würmer (Vermes.)

1. Ordnung: Ringelwürmer (Annulata.)
    1. Familie: Fühlerwürmer (Antennata.)
    2.   „   Röhrenwürmer (Tubicolae.)
    3.   „   Erdwürmer (Terricolae.)
    4.   „   Glattwürmer (Apoda.)

2. Ordnung: Strudelwürmer (Turbellaria.)
    1. Familie: Schnurwürmer (Nemertina.)
    2.   „   Plattwürmer (Planariae.)

3. Ordnung: Eingeweidewürmer (Entozoa.)
    1. Familie: Rundwürmer (Nematoidea.)
    2.   „   Saugwürmer (Trematoda.)
    3.   „   Bandwürmer (Cistoidea.)

4. Ordnung: Räderthierchen (Rotatoria.)
    1. Familie: Ringräderthierchen (Monotrocha.)
    2.   „   Kerbräderthiere (Schizotrocha.)
    3.   „   Doppelräderthiere (Zygotrocha.)
    4.   „   Vielräderthierchen (Polytrocha.)

III. Schleimthiere (Gasterozoa.)

9. Klasse: Weichthiere (Mollusca.)

    a. Kopfweichthiere (Mollusca cephalophora.)

1. Ordnung: Kopffüsser (Cephalopoda.)
    1. Familie: Achtfüsser (Octopoda.)
    2.   „   Zehnfüsser (Decapoda).

2. Ordnung: Flossenfüsser (Pteropoda.)
    1. Familie: Nackte Flossenfüsser (Gymnosomata.)
    2.   „   Beschalte Flossenfüsser (Thecosomata.)

3. Ordnung: Bauchfüsser (Gasteropoda.)
    1. Familie: Lungenschnecken (Pulmonata.)
    2.   „   Kammkiemer (Pectinibranchia.)
    3.   „   Verschiedenkiemer (Heterobranchia.)
    4.   „   Nacktkiemer (Nudibranchia.)
4. Ordnung: Heteropoda (Kielfüsser.)
5. Ordnung: Röhrenschnecken (Protopoda.)
    1. Familie: Wurmschnecken (Tubulibranchiata.)
    2.   „   Büschelkiemer (Cirrhobranchiata.)
    b. Kopflose Weichthiere (Mollusca acephala.)
6. Ordnung: Armfüsser (Brachiopoda.)
    1. Familie: Echte Armfüsser (Brachiata.)
    2.   „   Ungleiche (Rudistae.)
7. Ordnung: Muscheln (Conchifera.)
    1. Familie: Einmuskeler (Monomya.)
    2.   „   Verschiedenmuskeler (Heteromya.)
    3.   „   Zweimuskeler (Dimya.)
    4.   „   Röhrenmuscheln (Tubicola.)
8. Ordnung: Schalenlose Acephalen (Tunicata.)
    1. Familie: Seescheiden (Ascidiacea.)
    2.   „   Walzenscheiden (Salpacea.)

10. Klasse: Strahlthiere (Radiata.)
    1. Ordnung: Sternwürmer (Holothuridae.)
        1. Familie: Seegurke (Holothurida.)
        2.   „   Haftwalzen (Synaptida.)
    2. Ordnung: Stachelhäuter (Echinodermata.)
        1. Familie: Seeigel (Echinidea.)
        2.   „   Seesterne (Asteridea.)
        3.   „   Haarsterne (Crinoidea.)
    3. Ordnung: Quallen (Acalepha.)
        1. Familie: Rippenquallen (Ctenophora.)
        2.   „   Scheibenquallen (Discophora.)
        3.   „   Polypenquallen (Hydriformia.)
        4.   „   Röhrenquallen (Siphonophora.)

11. Klasse: Polypen (Polypi.)
    a. Einmündige Polypen (Anthozoa.)
    1. Ordnung: Thierkorallen (Polyactinia.)
        1. Familie: Seeanemonen (Holosarca.)
        2.   „   Sternkorallen (Madreporaria.)
        3.   „   Zwölfstrahlige Polypen (Dodecactinia.)

2. Ordnung: Pflanzenkorallen (Octatinia)
    1. Familie: Rindenkorallen (Corticifera.)
    2.   „   Korkpolypen (Alcyonaria.)
    b. Zweimündige Polypen (Bryozoa.)
3. Ordnung: Mooskorallen (Bryozoa.)
    1. Familie: Federbuschwirbler (Alcyonellina.)
    2.   „   Röhrchenpolypen (Tubuliporina.)
    3.   „   Rindenpolypen (Flustracea.)

12. Klasse: Urthiere (Protozoa.)

1. Ordnung: Aufgussthierchen (Infusoria.)

2. Ordnung: Wurzelfüsser (Rhizopoda.)

3. Ordnung: Gitterthierchen (Polycystina.)

UEBERSICHT

der

Klassen und Ordnungen des Pflanzenreiches

nach Linné.

A. Pflanzen mit deutlichen Befruchtungsorganen und Samen (Phanerogamia.)

I. Mit Zwitterblüthen (Monoclinia.)

1. Klasse mit 1 Staubgefässe (Monandria.)
    1. Ordnung: 1 Stempel (Monogynia.)
    2. „   2   „   (Digynia.)
    3. „   3   „   (Trigynia.)
    4. „   mit mehr als 3 Pistillen (Polygynia.)
2. Klasse mit 2 Staubgefässen (Diandria.)
    1. Ordnung: 1 Stempel (Monogynia.)
    2. „   2   „   (Digynia.)
    3. „   3   „   (Trigynia.)
3. Klasse mit 3 Staubgefässen (Triandria.)
    1. Ordnung: 1 Stempel (Monogynia.)
    2. „   2   „   (Digynia.)
    3. „   3   „   (Trigynia.)
4. Klasse mit 4 Staubgefässen (Tetrandria.)
    1. Ordnung: 1 Stempel (Monogynia.)
    2. „   2   „   (Digynia.)
    3. „   3   „   (Trigynia.)
    4. „   4   „   (Tetragynia.)

5. Klasse: Mit 5 Staubgefässen (Pentandria.)
   1. Ordnung: 1 Stempel (Monogynia.)
   2.   „   2   „   (Digynia.)
   3.   „   3   „   (Trigynia.)
   4.   „   4   „   (Tetragynia.)
   5.   „   5   „   (Pentagynia.)
   6.   „   viele Stempel (Polygynia.)

6. Klasse: Mit 6 Staubgefässen (Hexandria.)
   1. Ordnung: 1 Stempel (Monogynia.)
   2.   „   2   „   (Digynia.)
   3.   „   3   „   (Trigynia.)
   4.   „   4   „   (Tetragynia.)
   5.   „   6   „   (Hexagynia.)
   6.   „   viele Stempel (Polygynia.)

7. Klasse: Mit 7 Staubgefässen (Heptandria.)
   1. Ordnung: 1 Stempel (Monogynia.)
   2.   „   2   „   (Digynia.)
   3.   „   3   „   (Trigynia.)
   4.   „   7   „   (Heptagynia.)

8. Klasse: Mit 8 Staubgefässen (Octandria.)
   1. Ordnung: 1 Stempel (Monogynia.)
   2.   „   2   „   (Digynia.)
   3.   „   3   „   (Trigynia.)
   4.   „   4   „   (Tetragynia.)

9. Klasse: Mit 9 Staubgefässen (Eneandria.)
   1. Ordnung: 1 Stempel (Monogynia.)
   2.   „   2   „   (Digynia.)
   3.   „   6   „   (Hexagynia.)

10. Klasse: Mit 10 Staubgefässen (Decandria.)
   1. Ordnung: 1 Stempel (Monogynia.)
   2.   „   2   „   (Digynia.)
   3.   „   3   „   (Trigynia.)
   4.   „   4   „   (Tetragynia.)
   5.   „   5   „   (Pentagynia.)
   6.   „   viele Stempel (Polygynia.)

11. Klasse: Mit 12—18 Staubgefässen (Dodecandria.)
   1. Ordnung: 1 Stempel (Monogynia.)
   2.   „   2   „   (Digynia.)
   3.   „   3   „   (Trigynia.)
   4.   „   4   „   (Tetragynia.)
   5.   „   5   „   (Pentagynia.)
   6.   „   6   „   (Hexagynia.)
   7.   „   12   „   (Dodecagynia.)
   8.   „   viele Stempel (Polygynia.)

12. Klasse: Mit 20 oder mehreren den Kelchen eingefügten Staubgefässen (Icosandria.)
    1. Ordnung: 1 Stempel (Monogynia.)
    2.   „   2—5 „   (Dipentagynia.)
    3.   „   10 oder mehrere Stempel (Decapolygynia.)

13. Klasse: Mit 20 oder mehreren dem Fruchtknoten angewachsenen Staubgefässen (Polyandria.)
    1. Ordnung: 1 Stempel (Monogynia.)
    2.   „   2 oder mehrere Stempel (Dipolygynia.)

14. Klasse: Mit 2 langen und 2 kurzen Staubgefässen (Didynamia.)
    1. Ordnung: mit offenliegendem Samen (Gymnospermia.)
    2.   „   die Samen in einer Kapsel eingeschlossen (Angiospermia.)

15. Klasse: Mit 4 langen und 2 kurzen Staubgefässen (Tetrandynamia.)
    1. Ordnung: Kreuzblümler mit Schötchen (Siliculosae.)
    2.   „   Kreuzblümler mit Schoten (Siliquosae.)

16. Klasse: In ein Bündel verwachsen (Monadelphia.)
    1. Ordnung: 3 Staubgefässe (Triandria.)
    2.   „   4 „   (Tetandria.)
    3.   „   5 „   (Pentandria.)
    4.   „   7 „   (Heptandria.)
    5.   „   8 „   (Octandria.)
    6.   „   10 „   (Decandria.)
    7.   „   12 „   (Dodecandria.)
    8.   „   20 „   (Icosandria.)
    9.   „   viele Staubgefässe (Polyandria.)

17. Klasse: In 2 Bündel verwachsen (Diadelphia.)
    1. Ordnung: 2 Staubgefässe (Diandria.)
    2.   „   3 „   (Triandria.)
    3.   „   4 „   (Tetrandria.)
    4.   „   6 „   (Hexandria.)
    5.   „   8 „   (Octandria.)

18. Klasse: In 3 oder mehrern Bündel verwachsen (Polyadelphia.)
    1. Ordnung: 10 Staubgefässe (Decandria.)
    2.   „   12 „   (Dodecandria.)
    3.   „   20 „   (Icosandria.)
    4.   „   viele Staubgefässe (Polyandria.)

19. Klasse: dem Pistille aufgewachsen (Gynandria.)
    1. Ordnung: 1 Staubgefässe (Monandria.)
    2.   „   2   „   (Diandria.)
    3.   „   3   „   (Triandria.)
    4.   „   6   „   (Hexandria.)
    5.   „   viele Staubgefässe (Polyandria.)

20. Klasse: Staubbeutel in einer Röhre verwachsen (Syngenesia.)
    1. Ordnung: Gleichmässiger Blüthenverein (Syngenesia aequalis.)
    2.   „   Ueberflüssiger Blüthenverein (Syngenesia superflua.)
    3.   „   Vergeblicher Blüthenverein (Syngenesia frustranea.)
    4.   „   Nothwendiger Blüthenverein (Syngenesia necessaria.)
    5.   „   Abgesonderter Blüthenverein (Syngenesia segregata.)

II. Staubgefässe und Pistille getrennt in verschiedenen Blüthen (Diclinia.)

21. Klasse: Männliche und weibliche Blüthen auf demselben Stamme (Monoecia.)
    1. Ordnung: 1 Staubgefässe (Monandria.)
    2.   „   2   „   (Diandria.)
    3.   „   3   „   (Triandria.)
    4.   „   4   „   (Tetrandria.)
    5.   „   5   „   (Pentandria.)
    6.   „   6   „   (Hexandria.)
    7.   „   viele Staubgefässe (Polyandria.)
    8.   „   in einem Bündel verwachsen (Monadelphia.)
    9.   „   ein Blüthenverein (Syngenesia.)

22. Klasse: Männliche und weibliche Blüthen auf verschiedenen Stämmen (Dioecia.)
    1. Ordnung: 1 Staubgefässe (Monandria.)
    2.   „   2   „   (Diandria.)
    3.   „   3   „   (Triandria.)
    4.   „   4   „   (Tetrandria.)
    5.   „   5   „   (Pentandria.)
    6.   „   6   „   (Hexandria.)
    7.   „   7   „   (Heptandria.)
    8.   „   8   „   (Octandria.)

9. Ordnung: 9 Staubgefässe (Eneandria.)
10. „ 10 „ (Decandria.)
11. „ 12 „ (Dodecandria.)
12. „ in 1 Bündel verwachsen (Monadelphia.)
13. „ in 1 Blüthenvereine (Syngenesia.)
14. „ dem Pistille aufgewachsen (Gynandria.)

23. Klasse: männliche und weibliche Blüthen mit Zwitterblüthen untermischt (Polygamia.)

1. Ordnung: Einhäusige Blüthen (Monoecia.)
2. „ zweihäusige Blüthen (Dioecia.)

Pflanzen mit undeutlichen oder fehlenden Befruchtungsorganen und mit Sporen.

24. Klasse: Verstecktblühende (Cryptogamia.)

1. Ordnung: Farren (Filices.)
2. „ Moose (Musci.)
3. „ Algen (Algae.)
4. „ Schwämme (Fungi.)

UEBERSICHT
der

Klassen und Ordnungen des verbesserten
Decandolle'schen Systems.

A. Gefässpflanzen (Plantae vasculares.)

I. Sichtbarblühende (Phanerogamae.)

1. Klasse: Zweisamenlappige (Dicotyletoneae.)
   a. Mit getrennter Blume (Choristopetalae.)
   1. Ordnung: Hülsenpflanzen (Leguminosae.)
   2. „ Rosenblüthige (Rosiflorae.)
   3. „ Balsamgewächse (Terebinthinae.)
   4. „ Schneller (Tricoccae.)
   5. „ Malpighien (Malpighinae.)
   6. „ Rebengewächse (Ampelideae.)
   7. „ Storchschnabelgewächse (Geraniaceae.)
   8. „ Säulenfrüchtige (Columniferae.)
   9. „ Glanzblätter (Lamprophyllae.)
   10. „ Myrthenblüther (Myrtinae.)
   11. „ Kelchblümler (Calycanthinae.)
   12. „ Kelchblüthige (Calyciflorae.)
   13. „ Saftgewächse (Succulentae.)
   14. „ Nelkenblüthige (Caryophyllinae.)
   15. „ Guttigewächse (Guttiferae.)
   16. „ Cistblüthige (Cistiflorae.)
   17. „ Kürbisfrüchtige (Peponiferae.)
   18. „ Rhöadeen (Rhoeadeae.)
   19. „ Wasserrosen (Hydropeltideae.)
   20. „ Vielfrüchtige (Polycarpieae.)
   21. „ Dreikelchblättrige (Trisepalae.)
   22. „ Kockeln (Cocculinae.)
   23. „ Schirmblüthige (Umbelliflorae.)
   24. „ Misteln (Lorantheae.)
   b. Mit verwachsen-blättriger Blume (Gamopetalae.)
   25. Ordnung: Ligustern (Ligustrinae.)
   26. „ Krappe (Rubiacinae.)

27. Ordnung: Drehblüthige (Contortae.)
28. „ Röhrenblüthige (Tubiflorae.)
29. „ Lippenblüthige (Labiatiflorae.)
30. „ Primelgewächse (Myrsineae.)
31. „ Storaxgewächse (Styracinae.)
32. „ Heiden (Ericineae.)
33. „ Glockenblüthige (Campanulinae.)
34. „ Zusammengesetzte oder kopfblüthige (Compositae.)
35. „ Gehäuftblüthige (Aggregatae.)

c. Perigonblüthige (Monochlamydeae.)

36. Ordnung: Proteïnen (Proteïnae.)
37. „ Buchweizenartige (Fagopyrinae.)
38. „ Nesselgewächse (Urticinae.)
39. „ Weidenartige (Iteoideae.)
40. „ Kätzchenbäume (Amentaceae.)
41. „ Zapfenbäume, Nadelhölzer (Coniferae.)
42. „ Pfeffergewächse (Piperinae.)
43. „ Osterluzeigewächse (Aristolochieae.)
44. „ Hornblattgewächse (Ceratophyllinae.)

2. Klasse: Einsamlappige (Monocotyledoneae.)

a. Mit angewachsenem Eierstocke (Symphysogynae.)

45. Ordnung: Froschbissgewächse (Hydrocharidinae.)
46. „ Bananengewächse (Scitamineae.)
47. „ Orchisgewächse (Orchidinae.)
48. „ Schwertblättrige (Ensatae.)

b. Mit freiem Eierstocke (Eleutherogynae.)

49. Ordnung: Liliengewächse (Liliaceae.)
50. „ Palmen (Palmae.)
51. „ Aronartige (Aroideae.)
52. „ Sumpflilien (Helobiae.)
53. „ Graslilien (Juneinae.)
54. „ Spelz- oder Balgblüthige (Glumaceae.)

II. Verstecktblühende (Cryptogamea.)

3. Klasse: Verstecktblühende Gefässpflanzen (Cryptogamae vasculares.)

55. Ordnung: Gliederfarne (Goniocaulae.)
56. „ Farnartige (Filicinae.)

B. Zellenpflanzen (Plantae cellulares.)

57. Ordnung: Moosartige (Muscinae.)
58. „ Röhrenstängliche (Siphonocaulae.)
59. „ Algenartige (Alginae.)
60. „ Pilzartige Pflanzen (Funginae.)

DIE CHARAKTERE

der

Klassen, Ordnungen, Genera und Species

des Mineralreiches

nach Zippe.

I. Klasse: Akrogenide.

Dichte unter 3·8, kein bituminöser Geruch, fest, geschmackerregend,
   oder Dichte unter 1·8 und beim Glühen Geruch- und Ammoniakdämpfe entwickelnd.

1. Ordnung: Gase.

I. Hydrogen.

1. Reines. (Reines Hydrogengas, Wasserstoffgas.)
2. Empyreumatisches. (Empyreumatisches Hydrogengas, Kohlenwasserstoff.)
3. Schwefliges. (Schwefliges Hydrogengas, Schwefelwasserstoffgas.)
4. Phosphoriges. (Phosphoriges Hydrogengas, Phosphorwasserstoffgas.)

II. Atmosphärgas.

1. Reines. (Reines Atmosphärgas, atmosphärische Luft.)

2. Ordnung: Wasser.

I. Atmosphärwasser.

1. Flüssiges. (Reines Atmosphärwasser, Wasser.)
2. Hexagonales. (Eis, Schnee, Reif.)

3. Ordnung: Säuren.

I. Kohlensäure.
1. Gasförmige. (Gasförmige Kohlensäure.)

II. Salzsäure.
1. Gasförmige. (Gasförmige Salzsäure, Salzsäure.)

III. Schwefelsäure.
1. Gasförmige. (Gasförmige Schwefelsäure, Schwefelsäure.)
2. Tropfbare. (Tropfbare Schwefelsäure, Schwefelsäure.)

IV. Sassolin.
1. Axotomer. (Prismatische Boraxsäure, Borsäure.)

V. Arsenik.
1. Octaëdrischer. (Octaëdrische Arseniksäure, Arsenik.)

4. Ordnung: Salze.

I. Natron.
1. Hemiprismatisches. (Hemiprismatisches Natronsalz, kohlensaures Natron.)
2. Prismatisches. (Prismatisches Natronsalz.)
3. Prismatoidisches. (Prismatoidisches Tronasalz, Trona.)

II. Mirabilit.
1. Prismatischer. (Prismatisches Glaubersalz.)

III. Brithyn.
1. Hemiprismatischer. (Hemiprismatisches Brithynsalz.)
2. Axotomer. (Thenardit.)
3. Prismatischer. (Prismatisches Pykrochylinsalz, Arcanit.)

IV. Salpeter.
1. Rhomboëdrischer. (Rhomboëdrisches Nitrumsalz, Nitralin.)
2. Prismatischer. (Prismatisches Nitrumsalz.)

V. Hydronitrit.
1. Efflorescirender. (Kalksalpeter.)

VI. Salz.
1. Hexaëdrisches. (Hexaëdrisches Steinsalz, Salz.)
2. Isomorphes. (Sylvin.)

VII. Salmiak.
1. Octaëdrischer. (Wasserfrei, octaëdrisches Ammoniaksalz.)
2. Prismatischer. (Prismatisches Ammoniaksalz, Maskagnin.)

VIII. Borax.
1. Prismatischer. (Prismatisches Boraxsalz, Tinkal.)
2. Mikromorpher. (Hayesin.)

IX. Epsomit.
1. Prismatischer. (Prismatisches Bittersalz, Haarsalz.)

X. Alaun.
1. Octaëdrischer. (Octaëdrisches Alaunsalz, Haersalt.)
2. Mikromorpher. (Keramohalit, Haarsalz.)

XI. Vitriol.
1. Hemiprismatischer. (Hemiprisma-Vitriolsalz, Melanterit.)
2. Skalenischer. (Tetartoprismatisches Vitriolsalz, Kupfervitriol.)
3. Prismatischer. (Prismatisches Vitriolsalz, Goslarit.)

XII. Euchlorit.
1. Hemiprismatischer. (Uranvitriol.)

XIII. Botryogen.
1. Mikromorpher. (Tekticit, Braunsalz.)
2. Hexaëdrischer. (Voltait.)
3. Hexagonaler. (Coquinebit.)
4. Hemiprismatischer. (Hemiprismatisches Botryogensalz, Botryogen.)
5. Deltoidischer. (Römerit.)
6. Axotomer. (Copiapit.)

XIV. Polyhalit.
1. Axotomer. (Löweit.)
2. Prismatischer. (Prismatisches Brithynsalz, Polyhalit.)

XV. Mikrokosmin.
1. Mikromorpher. (Sterecorit, mikrokosmisches Salz.)
2. Rhombischer. (Barderellit.)

XVI. Guanit.
1. Rhombischer. (Struvit, Guanit.)

II. Klasse.

1. Ordnung: Haloïde.

I. Euklasin.
1. Prismatischer. (Prismatisches Euklas-Haloïd.)
2. Deltoidischer. (Hemiprismatisches Euklashaloid, Pharmakolith.)
3. Rhombischer. (Prismatisches Euklas-Haloïd, Haidingerit.)
4. Monotomer. (Hydroboreit.)

II. Aluminit.
1. Mikromorpher. (Felsöbanit.)
2. Kryptomorpher. (Aluminit, Webstreit, Paraluminit.)

III. Hydrophilin.
1. Hexagonaler. (Rhomboëdrischer Kuphonglimmer, Brucit.)
2. Axotomer. (Völknerit, Hydrotalkit.)
3. Mikromorpher. (Gibbsit.)

IV. Hydromagnesit.
1. Mikromorpher. (Hydromagnesit, Lancasterit.)

V. Natrocatcit.
1. Deltoïdischer. (Hemiprismatisches Kuphonhaloïd, Gai-Lüssit.)

VI. Lanthanit.
1. Rhombischer. (Lanthanit.)

VII. Lasionit.
1. Prismatischer. (Prismatisches Wawelinhaloïd, Wawelit.)
2. Dystomer. (Peganit.)
3. Mikromorpher. (Fischerit.)

VIII. Lazulith.
1. Prismatischer. (Lazulith.)
2. Prismatischer. (Blauspath.)
3. Untheilbarer. (Kalait.)

IX. Heterochrosit.
1. Rhombischer. (Childrenit.)
2. Distomer. (Hureaulith.)

X. Monoklasit.
1. Prismatischer. (Prismatisches Monaklashaloïd, Hopeit.)

XI. Alunit.
1. Rhomboëdrischer. (Rhomboëdrisches Alaunhaloïd, Alunit.)

XII. Hallith.
1. Orthotometer. (Prismatisches Orthoklashaloïd, Karstenit.)
2. Axotomer. (Axotomes Orthoklashaloïd.)
3. Prismatischer. (Chiolith.)
4. Octaëdrischer. (Octaëdrisches Flusshaloïd.)
5. Leukophaner. (Leukophan, Melinophan.)

XIII. Fluocerin.
1. Hexagonaler. (Neutraler Fluocerit, Fluocerit.)
2. Rhombischer. (Pyramidaler Cererbaryt, Yttrocerit.)
3. Axotomer. (Parisit.)

XIV. Phosphorit.

1. Prismatischer. (Prismatisches Flusshaloïd.)
2. Hemiprismatischer. (Hemiprismatischer Dystomspath, Wagnerit.)
3. Hexagonaler. (Rhomboëdrisches Flusshaloïd, Apatit, Phosphorit.)
4. Rhombischer. (Prismatischer Amblygonspath, Amblygonit.)

XV. Pyrochrosin.

1. Axotomer. (Triphylin, Tetraphylin.)
2. Orthotomer. (Prismatischer Retinbaryt.)
3. Rhombischer. (Eisenapatit.)

XVI. Calcit.

1. Prismatischer. (Prismatisches Kalkhaloïd, Aragon.)
2. Rhomboëdrischer. (Rhomboëdrisches Kalkhaloïd.)
3. Makrotyper. (Makrotypes Kalkhaloïd, Dolomit, Miemit, Tharandit.)
4. Kryptomorpher. (Gurhofian.)

XVII. Magnesit.

1. Rhomboëdrischer. (Brachytypes Kalkhaloïd, Breunerit.)
2. Kryptomorpher. (Magnesit.)

XVIII. Parachrosin.

1. Isometrischer. (Makrotypes Kalkhaloïd.)
2. Rhombischer. (Manganocalcit.)
3. Paratomer. (Paratomes Kalkhaloïd.)
4. Rhomboëdrischer. (Rhomboëdrischer Parachrosbaryt, Mesitin.)
5. Brachytyper. (Brachytyper Parachrosbaryt, Sphärosiderit.)
6. Makrotyper. (Makrotyper und isometrischer Parachrosbaryt, Diagolit.)

XIX. Galmei.

1. Rhomboëdrischer. (Rhomboëdrischer Zinkbaryt, Smithsonit.)
2. Paratomer. (Kapnit, Eisenzinkspath, Manganzinkspath.)
3. Kryptomorpher. (Zinkblüthe.)
4. Prismatischer. (Prismatischer Zinkbaryt, Galmei.)
5. Brachytyper. (Brachytyper Zinkbaryt, Willemit.)

XX. Barytin.

1. Peritomer. (Peritomer Halbaryt, Strontianit.)
2. Hemiprismatischer. (Hemiprismatischer Halbaryt.)
3. Rhombischer. (Alstonit, Barytobicalcit.)
4. Diprismatischer. (Dipristischer Halbaryt, Witherit.)
5. Prismatischer. (Prismatischer Halbaryt, Schwerspath.)
7. Orthometer. (Allomophit.)
6. Prismadoïdischer. (Prismatoïdischer Halbaryt, Cölestin.)

2. Ordnung: Barytoide.

I. Schweelit.
1. Pyramidaler. (Pyramidaler Scheelbaryt.)

II. Cerussit.
1. Diprismatischer. (Diprismatischer Bleibaryt, Iglesiasit.)
2. Axotomer. (Axotomer Bleibaryt.)
3. Rhomboëdrischer. (Sussannit.)
4. Prismatischer. (Prismatischer Bleibaryt, Lanarkit.)
5. Paratomer. (Paratomer Bleibaryt.)
6. Orthotomer. (Orthotomer Bleibaryt, Phosgenit.)

III. Anglesit.
1. Prismatischer. (Prismatischer Bleibaryt, Anglesit.)

IV. Kallochrom.
1. Dystomer. (Hemiprismatischer Malanonchlor-Malachit, Vauquelinit.)
2. Hemiprismatischer. (Hemipristischer Bleibaryt, Kallochrom.)
3. Rhombischer. (Phönikochroit, Melanochroit.)

V. Hexagonit.
1. Rhomboëdrischer. (Rhomboëdrischer Bleibaryt-Nussierit.)
2. Makrotyper. (Makrotyper Bleibaryt.)
3. Brachytyper. (Vanadinit.)

VI. Tetragonit.
1. Pyramidaler. (Pyramidaler Bleibaryt, Wulfenit.)
2. Dystomer. (Dystomer Bleibaryt, Stoltzit.)

VII. Kerasin.
1. Tetragonaler. (Matlockit.)
2. Peritomer. (Peritomer Bleibaryt, Bergelit.)
3. Prismatischer. (Cottunnit.)

VIII. Valentinit.
1. Octaëdrischer. (Senaromontit.)
2. Prismatischer. (Prismatischer Antimonbaryt, Valentinit.)

IX. Eulytin.
1. Dodekaëdrischer. (Dodekaëdrische Demantblende, Eulytin.)

X. Hydroplumbit.
1. Amorpher. (Bleigummi.)

XI. Bismutit.
1. Pseudomorpher. (Bismutit.)

3. Ordnung: Kerate.

I. Kerat.
1. Hexaëdrisches. (Hexaëdrisches Perl-Kerat.)

II. Kalomel.
1. Pyramidales. (Pyramidales Perl-Kerat.)

III. Bramit.
1. Hexaëdrischer. (Bramit.)

IV. Jodit.
1. Hexagonaler. (Jodit.)

4. Ordnung: Chromatolithe.

I. Euchroit.
1. Rhomboëdrischer. (Rhomboëdrischer Euchlor-Malachit, Chalkphyllit.)
2. Monotomer. (Prismatischer Euchlor-Malachit, Tirolit.)
3. Diprismatischer. (Prismatischer Lirokon-Malachit, Lirokonit.)
4. Euchromatischer. (Prismatischer Smaragd-Malachit, Euchroit.)
5. Prismatischer. (Prismatischer Oliven-Malachit, Pharmakochalcit.)
6. Diatomer. (Diatomer Habronem-Malachit, Abichit.)
7. Distomer. (Monotomer Distom-Malachit, Erinit.)
8. Amorpher. (Cornwallit.)
9. Kryptomorpher. (Koniehalcit.)

II. Prasin.
1. Dystomer. (Hemiprismatischer Dystom-Malachit, Lunit.)
2. Diprismatischer. (Diprismatischer Oliven-Malachit, Libethenit.)
3. Monotomer. (Eehlit.)
4. Staphyliner. (Tagilit.)
5. Mikromorpher. (Prasin.)
6. Amorpher. (Thrombolit.)

III. Azurit.
1. Hemiprismatischer. (Hemiprismatischer Lasur-Malachit, Azurit.)
2. Diplogener. (Diplogener Lasur-Malachit, Linarit.)
3. Mikromorpher. (Kupfersammeterz.)

IV. Malachit.
1. Hemiprismatischer. (Hemiprismatischer Habronem-Malachit, Malachit.)

V. Halochalcit.
1. Prismatoïdischer. (Prismatischer Habronem-Malachit, Halochalcit.)
2. Prismatischer. (Prismatischer Distom-Malachit, Brochanit, Krisurigit.)

VI. Dioptas.

1. Rhomboëdrischer. (Rhomboëdrischer Saragd-Malachit, Dioptas.)

VII. Euchlorin.

1. Hexagonaler. (Volborthit.)
2. Pyramidaler. (Pyramidaler Euchlor-Malachit, Chalkolith.)
3. Axotomer. (Pyramidaler Euchlor-Malachit, Kalkuranit.)
4. Polyhydrischer. (Uranblüthe, Uran-Kalk-Carbonat.)

VIII. Texasit.

1. Prismatischer. (Emerald-Nickel.)

IX. Chrysokon.

1. Mikromorpher. (Nickelblüthe.)

X. Erythrin.

1. Prismatoïdischer. (Diatomes Euklas-Haloïd, Erythrin.)

XI. Pharmakosiderit.

1. Hexaëdrischer. (Hexaëdrischer Lirokon-Malachit, Pharmakosiderit.)
2. Peritomer. (Periiomes Fluss-Haloïd, Skarodit.)
3. Monotomer. (Symplesit.)
4. Mikromorpher. (Arseniosiderit.)

XII. Kakoxen.

1. Prismatoïdischer. (Beraunit.)
2. Mikromorpher. (Kakoxen.)

XIII. Kraurit.

1. Mikromorpher. (Kraurit.)

XIV. Heterosit.

1. Rhombischer. (Heterosit.)

XV. Glaukodisorit.

1. Dichromatischer. (Dichromatisches Euklas-Haloïd.)

XVI. Misy.

1. Rhomboëdrisches. (Jarosit.)
2. Mikromorphes. (Misy.)

5. Ordnung: Allophane.

I. Allophan.

1. Euchromatischer. (Euchromatischer Opalin-Allophan, Chrysokola.)
2. Lamprochromatischer. (Lamprochromatischer Opalin-Allophan, Allophan.)

3. Untheilbarer. (Untheilbarer Opalin-Allophan, Schrötterit.)
4. Metachromatischer. (Gymnit.)

II. Variscit.

III. Palagonit.

IV. Karphosiderit.

V. Staktit.

VI. Sordawalit.

VII. Thraulit.

VIII. Lavendulan.

6. Ordnung: Steatite.

I. Steatit.

1. Pseudomorpher. (Pseudomorpher Glyphin-Steatit, Steatit.)
2. Kryptomorpher. (Untheilbarer Glyphin-Steatit., Parophit.)

II. Serpentin.

1. Pseudomorpher. (Prismatischer Serpentin-Steatit, Serpentin, Williamsit.)
2. Rhombischer. (Prismatischer Pikrosmin-Steatit, Pikrosmin.)
3. Deltoïdischer. (Hemiprismatischer Pikrosmin-Steatit, Marmolith.)
4. Monotomer. (Antigonit.)
5. Peritomer. (Peritomer Pikrosmin-Steatit, Killinit.)
6. Skalenischer. (Tetartoprismatischer Pikrosmin-Steatit, Pyrallotith.)
7. Diatomer. (Diatomer Schiller-Spath, Bastit.)
8. Orthotomer. (Pyrosklerit.)
9. Pyromagnetischer. (Hydrophit.)

III. Metaxit.

1. Asbestoïdischer. (Chrysolit, Asbest.)
2. Xyloidischer. (Bergholz.)
3. Mikromorpher. (Metaxit.)
4. Chlorophaner. (Epichlorit.)

IV. Chlorophäit.)

1. Polyhydrischer. (Chlorophäit.)

V. Dermatin.

1. Kryptomorpher. (Dermatin.)

VI. Metamorphin.

1. Hexagonaler. (Liebenerit.)
2. Rhombischer. (Rhomboëdrischer Serpentin-Steatit.)

VII. Kerolith.

1. Polyedrischer. (Kerolith.)
2. Euchromatischer. (Pinclith.)

VIII. Aphrodit.

1. Kryptomorpher. (Meerschaum, Sepiodit, Aphrodit.)

IX. Onkosin.

1. Chromatischer. (Onkosin.)
2. Kryptomorpher. (Chonokrit.)

7. Ordnung: Argillite.

I. Teratolith.

1. Polychromatischer. (Teratolith.)

II. Argillochroit.

1. Chlorophaner. (Nontronit, Unghwarit.)
2. Isophaner. (Pinguit.)
3. Pseudomorpher. (Grünerde.)
4. Chrysochromer. (Miloschin, Chromocker.)
5. Cyprischer. (Umbra.)
6. Metachromatischer. (Gelberde.)
7. Polychromatischer. (Bol. Bergseife.)

III. Argillin.

1. Myeliner. (Talksteinmark.)
2. Pseudomorpher. (Cimolit.)
3. Plastischer. (Kaolin-Tuesit.)
4. Mikromorpher. (Nakrit.)
5. Euchromatischer. (Montmorillonit.)
6. Hydrophaner. (Halloisit, Orawitzit.)
7. Polyhydrischer. (Kollyrit.)

8. Ordnung: Glimmer.

I. Pyrophyllit.

1. Axotomer. (Prismatischer Talkglimmer, Talk.)
2. Prismatischer. (Pyrophyllit.)
3. Hexagonaler. (Kämmererit, Rhodophyllit.)

II. Chlorit.

1. Hexagonaler. (Ripidolith, Aphrosiderit.)
2. Dichromatischer. (Ripidolith, Metachlorit.)
3. Klinobasischer. (Klinochlor.)
4. Mikromorpher. (Delessit.)

III. Lepidomelan.

1. Rhomboëdrischer. (Rhomboëdrischer Melanglimmer.)
2. Monotomer. (Stilpnomelan.)
3. Hexagonaler. (Lepidomelan.)
4. Mikromorpher. (Thuringit.)

IV. Glimmer.

1. Hexagonaler. (Biotit.)
2. Klinobasischer. (Phengit, Fuchsit.)
3. Isometrischer. (Phologopit.)
4. Rhombischer. (Lepidolith.)

9. Ordnung: Hydrolithe.

I. Margarit.

1. Deltoïdischer. (Hemiprismatischer Perl-Glimmer, Emerilith.)
2. Rhomboëdrischer. (Rhomboëdrischer Perl-Glimmer, Clintonit, Holmesit.)
3. Eutomer. (Xantophyllit.)
4. Hexagonaler. (Brandisit.)
5. Rhombischer. (Euphyllit.)
6. Dichromatischer. (Diphanit.)

II. Chloritoid.

1. Eutomer. (Chloritspath, Masonit.)

III. Pyrosmalith.

1. Axotomer. (Axotomer Perlglimmer.)

IV. Zeolith.

1. Hemiprismatischer. (Hemiprismatischer Kuphon-Spath, Stilbit, Parastilbit.)
2. Prismatoïdischer. (Prismatoïdischer Kuphon-Spath, Desmin, Lincolinit.)
3. Diphlogener. (Diphlogener Kuphon-Spath.)
4. Megallogoner. (Megallogoner-Kuphon-Spath, Brewsterit.)
5. Mikromorpher. (Mesole, Harringtonit.)
6. Pyramidaler. (Pyramidaler Kuphon-Spath, Apophyllit, Gyrolith.)

V. Eutomit.

1. Prismatoïdischer. (Diatomer Kuphon-Spath, Laumontit.)
2. Hemiprismatischer. (Diatomer Kuphon-Spath.)

VI. Mesolith.

1. Prismatischer. (Prismatischer Kuphon-Spath, Natrolit, Natronmesotyp, Brevicit.)
2. Harmophaner. (Harmophaner Kuphon-Spath, Skolezit.)

3. Orthotomer. (Orthotomer Kuphon-Spath, Thomsonit.)
4. Peritomer. (Peritomer Kuphon-Spath.)
5. Rhombischer. (Sloanit.)
6. Mikromorpher. (Antrimolith.)

VII. Chabasin.

1. Hexaëdrischer. (Hexaëdrischer Kuphon-Spath, Cuboit.)
2. Rhomboëdrischer. (Rhomboëdrischer Kuphon-Spath, Chabasit, Akadiolith.)
3. Makrotyper. (Makrotyper Kuphon-Spath, Levyn.)
4. Hetomorpher. (Hetomorpher Kuphon-Spath, Gmelinit.)
5. Hexagonaler. (Herschelit.)
6. Oktaëdrischer. (Berzelin.)
7. Dodekaëdrischer. (Ittnerit.)

VIII. Harmotom.

1. Paratomer. (Paratomer Kuphon-Spath, Morvenit.)
2. Staurotyper. (Staurotyper Kuphon-Spath, Zeagonit.)
3. Pyramidaler. (Gismondin.)
4. Polyëdrischer. (Haujasit.)

IX. Dysklasit.

1. Prismatischer. (Dysklasit.)

X. Antiedril.

1. Pyramidaler. (Pyramidaler Brythin-Spath, Edingtonit.)

XI. Triphan.

1. Axotomer. (Axotomer Triphan-Spath, Chiltonit.)
2. Mikromorpher. (Chlorastrolith.)

XII. Pektolith.

1. Prismatoïdischer. (Pektolith.)

XIII. Karpholith.

1. Mikromorpher.

XIV. Anthosiderit.

1. Mikromorpher. (Anthosiderit.)

XV. Kalapleiit.

1. Hexagonaler. (Katapleiit.)

XVI. Krokydolith.

1. Mikromorpher. (Krokydolith.)

XVII. Datolith.

1. Dystomer. (Prismatischer Dystom-Spath. Datolith.)
2. Mikromorpher. (Botryolith.)

10. Ordnung: Anhydrite.

I. Amphigen.
1. Trapezoidaler. (Trapezoidaler Amphigen-Spath, Amphigen.)
2. Dodekaëdrischer. (Dodekaëdrischer Amphigen-Spath, Sodalith.)
3. Isomertrischer. (Dodekaëdrischer Amphigen-Spath, Hauyn.)

II. Ultramarin.
1. Dodekaëdrischer. (Dodekaëdrischer Amphigen-Spath, Lasurstein.)

III. Eläinit.
1. Hexagonaler. (Peritomer und rhomboëdrischer Eläin-Spath Davyn, Fettstein.)
2. Peritomer. (Cancrinit.)
3. Pyramidaler. (Pyramidaler Eläin-Spath, Mejonit, Nuttallit, Terrenit, Eckebergit.)
4. Distomer. (Sarkolith.)
5. Rhombischer. (Porzellanspath.)

IV. Petalit.
1. Prismatoïdischer. (Prismatischer Patalin-Spath, Petalit.)

V. Barsowit.
1. Monotomer. (Barsowit.)

VI. Feldspath.
1. Orthotomer. (Orthotomer Feldspath, Nekronit, Perthit.)
2. Empyrodoxer. (Sanidin.)
3. Heterotomer. (Heterotomer Feldspath.)
4. Antitomer. (Antitomer Feldspath, Natronspodumen, Saccharit.)
5. Tetartoprismatischer. (Tetartoprismatischer Feldspath, Hyposklerit.)
6. Anorthotomer. (Anorthotomer Feldspath, Diploit, Indianit.)
7. Polychromatischer. (Polychromatischer Feldspath, Skolexerose.)

VII. Humboldtilith.
1. Tetragonaler. (Humboldtit.)

VIII. Adiaphan.
1. Tetragonaler. (Pyramidaler Adiaphanspath, Gehlenit.)
2. Rhombischer. (Prismatischer Adiaphanspath, Jade.)
3. Prismatischer. (Prismatischer Staurogrammspath, Chiastolith.)
4. Kryptomorpher. (Untheilbarer Adiaphanspath.)
5. Mikromorpher. (Glaukophan, Violan.)
6. Distomer. (Batrochit.)

IX. Pyroxen.
1. Paratomer. (Paratomer Augitspath, Aegyrin, Hudsonit, Pentaklasit.)
2. Homöomorpher. (Akmit.)

3. Prismatoïdischer. (Prismatoïdischer Schillerspath.)
4. Diatomer. (Hemiprismatischer Schillerspath, Bronzit.)
5. Axotomer. (Axotomer Augitspath.)
6. Hemiprismatischer. (Hemiprismatischer Augitspath, prismatischer Schillerspath, Diastatit, Cummingtonit.)
7. Peritomer. (Peritomer Augitspath.)

X. Spodumen.
1. Prismatischer. (Prismatischer Triphanspath.)

XI. Rhodonit.
1. Diatomer. (Diatomer Augitspath, Mangankiesel.)
2. Orthotomer. (Tephroit.)

XII. Photolith.
1. Hemiprismatischer. (Prismatischer Augitspath, Photolith.)

XIII. Epidot.
1. Chromatischer. (Piemontesischer Braunstein.)
2. Prismatoïdischer. (Zoisit.)
3. Hemiprismatischer. (Eisenepidot.)

XIV. Crysolith.
1. Prismatischer. (Prismatischer Chrysolith.)
2. Polysynthetischer. (Hemiprismatischer Chrysolith.)

XV. Idokras.
1. Pyramidaler. (Pyramidaler Granat, Göckumitpanthit.)

XVI. Granat.
1. Dodekaëdrischer. (Dodekaëdrischer Granat.)
2. Deltoïdischer. (Partschin.)
3. Trapezoïdaler. (Dodekaëdrischer Granat.)
4. Hexaëdrischer. (Hexaëdrischer Granat.)
5. Euchromatischer. (Uwarowit.)

XVII. Hetrin.
1. Tetraëdrischer. (Tetraëdrischer Granat.)

XVIII. Eudialyt.
1. Rhomboëdrischer. (Rhomboëdrischer Almandinspath.)

XIX. Wöhlerit.
1. Rhombischer. (Wöhlerit.)

XX. Yttrotitanit.
1. Paratomer. (Yttrotitanit.)

XXI. Titanit.
1. Deltoïdischer. (Prismatisches Titanerz, Grenawit.)

XXII. Axinit.
1. Prismatischer. (Prismatischer Axinit.)
2. Tritomer. (Danburut.)

XXIII. Pelion.
1. Prismatischer. (Prismatischer Quarz, Pelion.)

XXIV. Turmalin.
1. Rhombischer. (Rhomboëdrischer Turmalin.)

XXV. Boracit.
1. Tetraëdrischer. (Tetraëdrischer Boracit.)
2. Brithyner. (Rhodizit.)

XXVI. Periklas.
1. Hexaëdrischer. (Periklasia.)

11. Ordnung: Lithyaline.

I. Pechstein.
(Empyrodoxer Stein, Pechstein.)

II. Perlit.
(Empyrodoxer Stein.)

III. Obsidian.
1. Vulkanischer. (Empyrodoxer Quarz, Obsidian, Sideromelan.)
2. Basaltischer. (Trachylit.)
3. Granitischer. (Isopyr.)

12. Ordnung: Gemmen.

I. Disthen.
1. Prismatischer. (Prismatischer Disthenspath, Xenolith, Bamlit.)
2. Prismatoïdischer. (Prismatoïdischer Disthonspath, Sillimanit, Hibrolith.)
3. Eutomer. (Eutomer Disthenspath, Diaspor.)

II. Andalusit.
1. Prismatischer. (Prismatischer Andalusit, Andalusit.)

III. Staurolith.
1. Prismatischer. (Prismatischer Granat.)

IV. Spinell.
1. Dodekaëdrischer. (Dodekaëdrischer Korund.)
2. Mikromorpher. (Hercynit.)
3. Hexaüdrischer. (Kreittonit.)
4. Oktaëdrischer. (Oktaëdrischer Korund.)
5. Synthetischer. (Dyslint.)
6. Hypothetischer. (Sapphirin.)

V. Korund.
1. Rhomboëdrischer. (Rhomboëdrischer Korund.)

VI. Quarz.
1. Rhomboëdrischer. (Rhomboëdrischer Quarz.)
2. Kryptomorpher. (Rhomboëdrischer Quarz.)
3. Untheilbarer. (Untheilbarer Quarz, Opal, Hyalith, Menilith.)

VII. Topas.
1. Prismatischer. (Prismatischer Topas.)

VIII. Euklas.
1. Prismatoïdischer. (Prismatischer Smaragd.)

IX. Smaragd.
1. Dirhomboëdrischer. (Dirhomboëdrischer Smaragd, Goshenit.)
2. Rhomboëdrischer. (Rhomboëdrischer Smaragd, Phenakit.)

X. Chrysoberyll.
1. Prismatischer. (Prismatischer Korund.)

XI. Zirkon.
1. Pyramidaler. (Pyramidaler Zirkon, Ostranit.)

XII. Demant.
1. Oktaëdrischer. (Oktaëdrischer Demant.)

13. Ordnung: Erze.

I. Trimorphin.
1. Pyramidaler. (Pyramidaler Titan-Erz.)
2. Prismatischer. (Brookit.)
3. Peritomer. (Peritomer Titan-Erz, Rutil.)

II. Titanin.
1. Hexaëdrischer. (Perowskit.)

III. Pyrochlor.
1. Oktaëdrischer. (Oktaëdrisches Titanerz, Mikrolith, Pyrochlor.)

IV. Xenotim.
1. Pyramidaler. (Pyramidaler Retin-Baryt, Castelnaudit.)
2. Prismatischer. (Monozit.)

V. Polymignit.
1. Hydrischer. (Euxenit.)
2. Prismatischer. (Prismatisches Malan-Erz.)

3. Rhombischer. (Polykras.)
4. Distomer. (Dystomes Melan-Erz.)
5. Pyromagnetisches. (Mengit.)

VI. Yttrotantalit.
1. Kryptomorpher. (Yttrotantalit.)

VII. Melanin.
1. Distomer. (Tetartoprismatisches Melan-Erz.)
2. Hemiprismatischer. (Hemiprismatisches Melan-Erz.)
3. Amorpher. (Tscheffkinit.)

VIII. Tantalit.
1. Pyramidaler. (Pyramidales Melan-Erz.)
2. Prismatisches. (Prismatisches Melan-Erz, Tantalit von Kimito, Sidero-Tantal.)
3. Prismatoïdischer. (Columbit, Baierin, Hemiprismatisches Tantal-Erz.)
4. Untheilbarer. (Samarskit, Yttroilmenit.)

IX. Wolfram.
1. Prismatischer. (Prismatisches Scheel-Erz.)

X. Uranin.
1. Kryptomorpher. (Schwer Uran-Erz.)
2. Amorpher. (Untheilbares Uran-Erz, Coracit.)

XI. Pettin.
1. Amorphes. (Uranisches Pettin-Erz, Gummi-Erz.)

XII. Ochroit.
1. Hexagonaler. (Untheilbares Cerer-Erz, Cerinstein.)
2. Tetraëdrischer. (Tritomit.)
3. Amorpher. (Thorit.)

XIII. Horoklas.
1. Hexagonaler. (Prismatisches Zink-Erz, Horoklas.)

XIV. Emmetrit.
1. Oktaëdrischer. (Oktaëdrisches Kupfer-Erz, Cuprit.)

XV. Kassiterit.
1. Pyramidaler. (Pyramidales Zink-Erz.)
2. Mikromorpher. (Pyramidales Zink-Erz.)

XVI. Chromit.
1. Oktaëdrischer. (Oktaëdrisches Chrom-Erz.)

XVII. Magnetit.
1. Oktaëdrischer. (Oktaëdrisches Eisen-Erz.)
2. Hexaëdrischer. (Hexaëdrisches Eisen-Erz.)

3. Axotomer. (Axotomes Eisen-Erz.)
4. Dodekaëdrischer. (Dodekaëdrisches Eisen-Erz.)

XVIII. Haematit.

1. Rhomboëdrischer. (Eisenglanz.)
2. Oktaëdrischer. (Martit.)
3. Mikromorpher. (Rother Glaskopf.)
4. Kryptomorpher. (Dichter Rotheisenstein, ockriger Rotheisenstein.)

XIX. Limonit.

1. Prismatoïdischer. (Prismatoïdisches Habronem-Erz.)
2. Mikromorpher. (Prismatisches Habronem-Erz.)
3. Kryptomorpher. (Turgit.)
4. Amorpher. (Untheilbares Habronem-Erz.)

XX. Ilvait.

1. Prismatischer. (Diprismatisches Melan-Erz.)

XXI. Hydromagnetit.

1. Olitischer. (Chamoisit.)

XXII. Manganit.

1. Pyramidaler. (Pyramidales Mangan-Erz.)
2. Brachytyper. (Brachytypes Mangan-Erz.)
3. Untheilbarer. (Untheilbares Mangan-Erz.)
4. Mikromorpher. (Creduerit.)
5. Amorpher. (Untheilbarer Brythyn-Allophan.)
6. Prismatoïdischer. (Prismatoïdisches Mangan-Erz.)
7. Prismatischer. (Prismatisches Mangan-Erz, Pyrolusit.)

XXIII. Asbolan.

1. Schaumartiger. (Schaumartiger Wad-Graphit.)
2. Kryptomorpher. (Untheilbarer Psilomelan - Graphit, Kobaltmangan-Erz, Kobaltschwärze, Kupferschwärze, Kalkochlor, Asbolan.)

14. Ordnung: Metalle.

I. Arsen.

1. Rhomboëdrisches. (Rhomboëdrisches Arsenik.)
2. Mikromorphes. (Arsenikantimon.)

II. Tellur.

1. Rhomboëdrisches. (Rhomboëdrisches Tellur, gediegen Sylvan.)

III. Antimon.

1. Rhomboëdrisches. (Rhomboëdrisches Antimon.)
2. Prismatisches. (Prismatisches Antimon.)

IV. Wismut.

1. Rhomboëdrisches. (Oktaëdrisches Wismut.)

V. Silber.
1. Hexaëdrisches. (Hexaëdrisches Silber.)
2. Oktaëdrisches. (Arquerit.)

VI. Blei.
1. Untheilbares. (Gediegen Blei.)

VII. Mercur.
1. Dodekaëdrisches. (Dodekaëdrisches Mercur.)
2. Flüssiges. (Flüssiges Mercur.)

VIII. Palladium.
1. Oktaëdrisches. (Oktaëdrisches Palladium.)

IX. Gold.
1. Hexaëdrisches. (Hexaëdrisches Gold.)

X. Platin.
1. Magnetisches (Eisenplatin.)
2. Hexaëdrisches. (Hexaëdrisches Platin.)

XI. Iridium.
1. Rhomboëdrisches. (Rhomboëdrisches Iridium, Newjanskit.)
2. Axotomes. (Iridosmium.)
3. Hexaëdrisches. (Platiniridium.)

XII. Eisen.
1. Hexaëdrisches. (Oktaëdrisches Eisen.)

XIII. Kupfer.
1. Oktaëdrisches. (Oktaëdrisches Kupfer.)

15. Ordnung: Kiese.

I. Nickelin.
1. Hexagonaler. (Prismatischer Nickel-Kies, Nickelin.)
2. Distomer. (Antimonnickel.)

II. Amoibit.
1. Eutomer. (Eutomer Kobalt-Kies, Nickelspiesglaserz, Antimonnickelglanz.)
2. Hexagonaler. (Amoibit.)
3. Distomer. (Oktaëdrischer Kobalt-Kies.)
4. Rhombischer. (Weissnickelkies.)

III. Kobaltin.
1. Hexaëdrischer. (Hexaëtrischer Kobalt-Kies.)
2. Rhombischer. (Glaukodot.)

2. Mikromorpher. (Safflorit.)
4. Oktaëdrischer. (Oktaëdrischer Kobalt-Kies.)
5. Tessularischer. (Tesseral-Kies.)

IV. Misspickel.

1. Prismatischer. (Prismatischer Arsenik-Kies, Danait, Kobalt-Arsenik.)
2. Axotomer. (Axotomer Arsenik-Kies.)

V. Thiodinit.

1. Hexaëdrischer. (Isometrischer Kobalt-Kies.)
2. Oktaëdrischer. (Wismutnickel-Kies.)

VI. Pyrit.

1. Hexaëdrischer. (Hexaëdrischer Eisen-Kies, Pyrites.)
2. Prismatischer. (Prismatischer Eisen-Kies.)

VII. Pyrrhotin.

1. Hexagonaler. (Rhomboëdrischer Eisen-Kies.)
2. Rhomboëdrischer. (Haar-Kies.)
3. Oktaëdrischer. (Eisennickel-Kies.)

VIII. Chalkopyrit.

1. Pyramidaler. (Pyramidaler Kupfer-Kies.)
2. Oktaëdrischer. (Oktaëdrischer Kupfer-Kies.)
3. Hexagonaler. (Cuban.)

IX. Stannin.

1. Hexaëdrischer. (Hexaëdrischer Dystomglanz, Zinn-Kies.)

16. Ordnung: Glanze.

I. Tetraëdrit.

1. Polysynthetischer. (Tetraëdischer Dystom-Glanz.)
2. Oktaëdrischer. (Tetraëdischer Dystom-Glanz.)
3. Dodekaëdrischer. (Dodekaëdrischer Dystom-Glanz.)
4. Distomer. (Zinkfahlerz.)

II. Enargit.

1. Prismatischer. (Enargit.)
2. Prismatoïdischer. (Kupferantimonglanz.)

III. Endellionit.

1. Diprismatischer. (Diprismatischer Dystom-Glanz, Endeltionit.)
2. Prismatoïdischer. (Prismatoïdischer Dystom-Glanz, Mölchit.)

IV. Geokronit.

1. Prismatischer. (Rhomboëdrischer Dystom-Glanz.)
2. Hemiprismatischer. (Hemiprismatischer Dystom-Glanz.)
3. Axotomer. Axotomer (Antimon-Glanz.)

4. Heteromorpher. (Heteromorphit.)
5. Mikromorpher. (Baulangerit, Embrithit.)
6. Rhombischer. (Geokronit.)

V. Antimonit.

1. Prismatoïdischer. (Prismatoïdischer Antimon-Glanz.)
2. Mikromorpher. (Berthierit.)

VI. Galena.

1. Hexaëdrische. (Hexaëdrischer Blei-Glanz-Galena.)
2. Oktaëdrische. (Oktaëdrischer Blei-Glanz.)
3. Isomorphe. (Cuproplumbit.)
4. Tellurische. (Tellurblei.)
5. Selenische. (Selenblei, Lerbachit.)

VII. Argyrosit.

1. Hexaëdrischer. (Hexaëdrischer Silber-Glanz.)
2. Rhombischer. (Akanthit.)
3. Prismatischer. (Isometrischer Kupfer-Glanz.)
4. Selenischer. (Selensilber.)
5. Tellurischer. (Untheilbares Tellur.)

VIII. Chalkosin.

1. Prismatischer. (Prismatischer Kupfer-Glanz, Chalkosin.)
2. Kryptomorpher. (Digenit.)
3. Prismatoïdischer. (Witticht.)

IX. Bismutin.

1. Prismatischer. (Prismatischer Wismut-Glanz.)
2. Peritomer. (Prismatischer Wismut-Glanz.)
3. Prismatoïdischer. (Prismatoïdischer Wismut - Glanz, Aikinit, Patrinit.)
4. Skalenischer. (Chiviatit.)
5. Mikromorpher. (Kobellit.)

X. Elasmose.

1. Elastische. (Elastischer Entom-Glanz.)
2. Pyramidale. (Pyramidaler Eutom-Glanz.)
3. Rhomboëdrische. (Rhomboëdrischer Eutom-Glanz, Tetradymit.)
4. Dirhomboëdrische. (Dirhomboëdrischer Eutom-Glanz, Molybdänit.)
5. Prismatischer. (Prismatischer Eutom-Glanz, Sternbergit.)

XI. Sylvanit.

1. Prismatischer. (Prismatischer Antimon-Glanz.)
2. Prismatoïdischer. (Weiss-Sylvanerz.)

XII. Onofrit.

1. Mikromorpher. (Selenmercur, Onofrit.)

XIII. Polybasit.
1. Hexagonaler. (Rhomboëdrischer Melan-Glanz, Polybasit.)
2. Priamatischer. (Prismatischer Melan-Glanz.)
3. Peritomer. (Peritomer Antimon-Glanz, Schilfglaserz.)

17. Ordnung: Blenden.

I. Covellin.
1. Hexagonaler. (Kupferindig.)

II. Alabandin.
1. Hexaëdrischer. (Hexaëdrische Glanz-Blende, Alabandin.)
2. Oktaëdrischer. (Hauerit.)

III. Cadmit.
1. Hexagonaler. (Greenockit.)

IV. Blende.
1. Dodekaëdrische. (Dodekaëdrische Granat-Blende.)
2. Kryptomorpher. (Voltzin.)

V. Kermes.
1. Prismatischer. (Prismatische Purpur-Blende, Kermes.)

VI. Skleroklas.
1. Hexaëdrischer. (Düfrenoysit.)
2. Rhombischer. (Skleroklas.)

VII. Argyrit.
1. Rhomboëdrischer. (Rhomboëdrische Rubin-Blende, Proustit.)
2. Brachytyper. (Rhomboëdrische Rubin-Blende, Pyrargrit.)
3. Hemiprismatischer. (Hemiprismatische Rubin-Blende, Miargyrit.)
4. Hexagonaler. (Xanthokon.)
5. Dichromatischer. (Rittingerit.)
6. Prismatoïdischer. (Feuerblende.)

VIII. Zinnober.
1. Rhomboëdrischer. (Peritome Rubin-Blende.)

18. Ordnung: Schwefel.

I. Selen.
1. Deltoidisches. (Native Selenium.)
2. Kryptomorphes. (Selenschwefel.)

II. Schwefel.
1. Prismatischer. (Prismatischer Schwefel.)

III. Arsenikon.

1. Prismatoïdisches. (Prismatoïdischer Schwefel, Arsenikon.)
2. Prismatisches. (Hemiprismatischer Schwefel, Sandaraka.)

III. Klasse.

Phytogenide.

Dichte unter 2·3, entzündlich und brennbar ohne Entwicklung von Arsenikrauch und schwefliger Säure
flüssig: bituminöser Geruch, oder fest: geschmacklos.

1. Ordnung: Phytohaloïde.

I. Oxacacit.

1. Axotomer. (Whewellit.)

II. Oxalit.

1. Mikromorpher. (Oxalit, Eisenresin.)

III. Mellit.

1. Pyramidaler. (Thonerde mit 18%/₀ Wasser, Honigsteinsäure.)

2. Ordnung: Harze.

I. Spermacetoïd.

1. Mikromorphes. (Schneererit.)
2. Monotomes. (Könlit.)
3. Biegsames. (Hatchetin.)
4. Deltoïdisches. (Hartit.)
5. Rhombisches. (Hartin.)

II. Succinit.

1. Elektrischer. (Bernstein.)
2. Harzähnlicher.
3. Adiaphaner. (Malchowit.)
4. Bitterer. (Guayaquilit.)

III. Osmetin.

1. Erythrophaner. (Midoletonit.)
2. Idrianer. (Braunes Erdharz, Gemenge von Idrialin.)
3. Illyrischer. (Piauzit.)
4· Sklerctiner. (Skleretin.)
5. Brauner. (Retinit.)
6. Retinophaner. (Jaulingit.)
7. Pyroretiner. (Pyroretin.)
8. Ixoliner. (Ixolit.)
9. Kerophaner. (Wachskohle.)

IV. Bituminit.

1. Flüssiger. (Naphtha.)
2. Plastischer. (Ozokerit.)
3. Elastischer. (Elaterit.)
4. Fester. (Asphalt.)

3. Ordnung: Kohlin.

I. Anthracit.

1. Hexagonaler. (Rhomboëdrischer Melan-Graphit.)
2. Amorpher. (Harzlose Steinkohle.)
3. Mikromorpher. (Fasriger Anthrazit.)

II. Kohle.
(Harzige Steinkohle.)

1. Schwarze. (Steinkohle.)
2. Braune. (Braunkohle.)
3. Metamorphe. (Bituminöses Holz.)

III. Hydranthrax.

1. Elastischer. (Dopplerit.)